U0538871

Fashion Management

時尚商業學

頂尖設計師品牌都該懂的生存法則，
從產品發想、策略經營到推向國際的
實戰8堂課

Annick Schramme
安妮克・舒拉姆

Karinna Nobbs
卡琳娜・諾布斯

Trui Moerkerke
楚依・莫爾克
———— 合著

林資香
———— 譯

CONTENTS

序言　全球化時代來臨，時尚業該如何生存？　4
引言　成功的經營術 = 受市場肯定的設計師　12

第一堂　如何替你的時尚品牌定位　23
　　商品定位—找出價格與認知感受度上的差異區隔　25
　　價值鏈—從草圖變成服裝的過程　26
　　1. 不受潮流主導的「獨立設計師品牌」　28
　　2. 打造高級夢想的「奢侈品時尚企業」　31
　　3. 替中產階級量身訂做的「中階品牌」　35
　　4. 最有價格競爭力的「零售連鎖通路」　39
　　4 大品牌市場定位區隔重點彙整　41
　　case #1　Christian Wijnants 時尚大獎常勝軍──克里斯汀‧萬諾斯　44

第二堂　新型態的時尚專賣店：旗艦店和快閃店　49
　　零售業態的角色定位　51
　　能大幅提升獲利的電子商務　52
　　展現品牌價值的旗艦店　53
　　　‧旗艦店的發展過程
　　　‧旗艦店的 6 大特色
　　短期、創造話題性的快閃店　58
　　　‧快閃店的發展歷程與策略
　　　‧快閃店的 6 大特色
　　　‧快閃店的 4 大類型
　　case #2　Edouard Vermeulen 比利時與荷蘭王室最鍾愛的品牌──Natan　66

第三堂　時尚產業的網路傳播大挑戰　71
　　多變的時尚產業傳播類型　73
　　認識社群媒體版圖　74
　　真正有效的社群媒體傳播技巧　78
　　強勢品牌要學會用情感說故事　80
　　時尚產業應與社會建立高度互動　81
　　時尚產業的永續性傳播　82
　　時尚產業負責任傳播的最佳示範　84
　　負責任傳播的 10 大原則　85
　　奢侈品企業的負責任傳播　87
　　case #3　Veronique Branquinho 以巴黎成衣起家的獨立設計師──薇洛妮克‧布蘭奎諾　92

第四堂　時尚產業推向國際的實戰策略　97
　　全球市場趨勢──歐盟及美國為主要服裝銷售市場　99
　　擬定專屬的國際化策略──近期趨勢「天生全球化」　100

國際化生產的各種挑戰　107
　　　如何整合國際化商業模式　109
　　　　case #4　Tim Van Steenbergen 跨界設計鬼才 —— 提姆・范・史坦柏根　115

第五堂　**時尚產業相關法律**　117

　　　成功的時尚品牌皆始於智慧財產的保護　119
　　　　・與競爭對手做出區別 —— 找出有力的商標
　　　　・網路時代的趨勢 —— 建立專屬域名
　　　　・保護你的設計作品 —— 註冊版權
　　　　・保護獨特的產品外觀 —— 工業設計專利
　　　　・全新發明的專屬權 —— 專利

　　　充分利用你的智慧財產　135
　　　　case #5　Elvis Pompilio 建立精品帽子帝國 —— 艾斯・彭比里奧　146

第六堂　**對的財務決策，決定品牌生死**　151

　　　如何面對步調快速、競爭激烈的商業模式　153
　　　控管財務的 4 大關鍵要素　154
　　　結構性融資和季節性融資　164
　　　完善的營運計畫，替你爭取更多資金！　169
　　　　case #6　Essentiel 家喻戶曉的中價位品牌 —— Essentiel　172

第七堂　**獨立品牌成功存活的基本要素**　177

　　　獨立品牌的業內競爭　180
　　　成功推出獨立品牌的 9 大關鍵要素　182
　　　　1. 擬定策略：好的營運計畫免你下地獄
　　　　2. 提前計畫：抓準時間交付產品
　　　　3. 公司與團隊：找到契合的隊友是關鍵
　　　　4. 品牌傳播策略：準確接觸「你的消費者」
　　　　5. 界定市場：根據品牌形象訂出對的價格
　　　　6. 銷售策略：想辦法與顧客建立長期關係
　　　　7. 財務融資：做好現金流量計畫、確實預測週轉資金
　　　　8. 多方授權：利用聯名方式加強品牌延伸
　　　　9. 法律保護：保障設計師的權益

　　　影響時尚產業的力量　194
　　　　case #7　Jean-Paul Knott 跨國時尚品牌的指定設計師 —— 尚保羅・諾特　198

第八堂　**比利時時尚獨立國：以小搏大**　201

　　　比利時時尚的巨大浪潮　204
　　　新興設計師們徹底顛覆時尚　205
　　　等你準備好了，再創業！　207
　　　安特衛普六君子現況　208
　　　安特衛普六君子之後的年輕設計師　210
　　　培育比利時時尚人才　211
　　　　case #8　Anne Chapelle 享譽國際的時尚設計師兼經理人 —— 安妮・夏佩爾　216

作者群簡介　218
中英檢索　220

PREFACE

FASHION MANAEMNT IN THE AGE OF GLOBALIZATION

序言
全球化時代來臨，
時尚業該如何生存？

珍妮佛・克雷克
Jennifer Craik

"時尚是如此醜陋的事物，
　以致我們每六個月就得改變它一次。"

—— 王爾德
（Oscar Wilde）

如果時尚不過是曇花一現的趨勢，我們何必費盡心思了解下一季的風格或是更新衣櫃裡的行頭，更別提我們早已有了滿衣櫃的服裝？儘管我們的服裝已經供過於求，在服裝上的個人支出仍然持續成長——進入垃圾掩埋場的服裝數量也一樣。時尚產業趨向全球化的同時，不但步調正加速前進，也為本書的主題「時尚管理」帶來了新的挑戰。在如此詭譎多變的局勢下，一位有抱負、有理想的時尚設計師，要如何才能殺出重圍、為自己開創出兼顧時尚生涯與商業生機的一片天空？

與時尚設計及時尚營銷（fashion merchandising）相比，時尚管理一向被視為是較缺乏魅力的一個領域[1]，最令時尚科系教授感慨的一點，就是學生們抗拒時尚商業及時尚管理的講座與課程，因為他們只想設計「好看」的服裝。一直要到畢業數年之後，他們才會恍然大悟，了解到自己所進入的這個行業是多麼複雜而艱辛。然而，隨著全球攻讀時尚科系的學生人數增加，以及時尚產業各方面正加速全球化的趨勢，教授們更亟需提醒學生關於時尚管理的現實面問題。全球化的現象或許在時尚產業中比之其他產業更為顯而易見，但是關於時尚方面的研究，主要仍集中於「藝術」而非「科學」的一面[2]。香港理工大學（Hong Kong Polytechnic University）的陶肖明（Xiao-Ming Tao）即指出，時尚管理的範疇「廣泛、複雜、精確，而且具備高度技術性」[3]。

時尚產業是全球最重要的三大產業之一，特點是具備很長的供應鏈，因此，對於供應鏈的管理就成了業者成敗的關鍵所在[3]。全球在紡織品及服裝方面的貿易量約為 3,500 億美元，2004 年，全球的紡織品及服裝產業即占了全球 7% 的出口總額。隨著產業相繼遷移至低成本的供貨來源地、自由貿易政策、以及全球時尚企業數量的激增等發展趨勢，時尚的管理越來越複雜。此外，許多新的挑戰也以「環境永續發展、快速時尚模式、先進資訊科技的利用、社會責任、以及產品創新開發」的形態相繼出現[3]。

1　出自於 Atkinson, M. (2012) How to Create Your Final Collection. London: Laurence King.; Brunot 及 Posner 2011; San Martin 2009; Shaw & Koumbis 2014.

2　出自於 Choi, T.-M. (2012) (ed.) Fashion Supply Chain Management: Industry and Business Analysis, Hershey. Pennsylvania: IGI Global, http://www.igi-global.com/book/fashion-supply-chain-management/49569.

3　Tao, X.-M. (2012) Preface. In T.-M. Choi (2012) (ed.) Fashion Supply Chain Management: Industry and Business Analysis, Hershey, Pennsylvania: IGI Global, http://www.igi-global.com/book/fashion-supply-chain-management/49569. Toktli, N. (2008) Global Sourcing: Insights from the Global Clothing Industry – The Case of Zara, a Fast Fashion Retailer. Journal of Economic Geography, 8, 21-38.

對於教授及研究時尚管理主題的人，這項挑戰之重大可見一斑，尤其必須一方面平衡學生過度關注在時尚風格潮流上的傾向，同時兼顧他們的實際需求，在實務經營、供應鏈管理、時尚營銷及零售的實際面向上，為他們擷取基本原則與重點。時尚管理在許多方面貢獻良多，包括：匯集全國性及獨立時尚設計、財務規劃、開設公司與發展業務、根據季節性時間表開發服裝系列（collections）、帶入營銷及行銷新技術、確保採取了法律與智慧財產的適當措施，以及在競爭及國際化越演越烈的局勢下，選擇確切可行的推廣及配銷或經銷管道；藉由法國、義大利及美國近年來時尚產業變革的重要比較分析，我們得以深入探究這些議題[4]。

選擇精明而實際的作法，是時尚商業界通往成功之路的必備要件。時尚商業涉及許多引人矚目的議題，包括：進行實際的風險分析，吸引支持者及投資者以確保現金流量無虞，針對設計及生產各階段所進行的品質管理，管理供應鏈的承包商及分包商，自行或委外進行趨勢分析及預測，決定遠期規劃的時間表，監控庫存及經銷的流程和層級，採用多種零售途徑，以及研究消費者行為與態度的發展趨勢[5]。

本書特別聚焦於比利時的時尚，以及它在全球時尚業界所占有的一席之地。過去數十年間，比利時時尚界雖僅為小眾市場，但仍發揮了育成中心的功能，孕育出新穎的時尚設計及以未來為導向的設計師，備受全球讚譽[6]；同時，比利時時尚界更以作為獨立設計師匯聚的大本營而令人稱羨，這些設計師以真正有別於主流時尚界的獨特設計而著稱，所謂的「安特衛普六君子」（Antwerp Six），幾乎已成為比利時獨立設計師的代名詞。正因如此，比利時時尚產業已吸引了數個世代的年輕設計師前仆後繼地投入，如今更吸引了全世界各地的申請者，前來比利時學習時尚設計。

在時尚設計教學上佐以嚴謹、實驗性的方法，目的在於讓學生了解時尚產業的現實情況，並發展出準則及方案以協助畢業生順利進入產業界。許多的年輕設計師雖然下定決心要成為獨立設計師、迎合小眾客群與市場，但還是得在高度商業化的環境中，在快速時尚、全球品牌以及深受旗艦店主宰的市場上競爭較勁[7]。再者，「全通路」零售（「omni-channel」retailing）也稱為「電子零售」（e-tailing）或「無縫零售」（seamless retailing）的出現，牽涉到以各種形式與個別消費者或小眾客群產生連結及銷售的

---

[4] 出自於 Djelic, M.-L., Ainamo, A. (1999) The Coevolution of New Organizational Forms in the Fashion Industry: A Historical and Comparative Study of France, Italy, and the United States. Organization Science, 10 (5), 622-637.

[5] 出自於 Brun, A. & Castelli, C. (2008) Supply Chain Strategy in the Fashion Industry: Developing a Portfolio Model Depending on Product, Retail Channel and Brand. International Journal of Production Economics, 116, 169-181. Caniato, F., Caridi, M., Castelli, C. & Golini, R. (2011) Supply Chain Management in the Luxury Industry: A First Classification of Companies and Their Strategies. International Journal of Production Economics, 133, 622-633.

[6] 出自於 De Bruyn, T. & Ramiol, M. (2007) "Wonderwear". Organisational Case Study on Design in the Clothing Industry – Belgium. WORKS project, CIT3-CT-2005-006193, Leuven, BE. Gimeno Martinez, J. (2007) Selling Avant-garde: How Antwerp Became a Fashion Capital (1990-2002). Urban Studies, 44 (12), 2449-2464.

[7] 出自於 Bhardwaj, V. & Fairhurst, A. (2010) Fast Fashion; Response to Changes in the Fashion Industry. The International Review of Retail, Distribution and Consumer Research, 20 (1), 165-173. Toktli, N. (2008) Global Sourcing: Insights from the Global Clothing Industry – The Case of Zara, a Fast Fashion Retailer. Journal of Economic Geography, 8, 21-38.

行為，改變了時尚行銷以及顧客經驗與期望的基礎[8]；這些新興的競爭者也是精明的營運商，一方面承諾持續發展的對話原則，一方面還是得顧及營業額淨利及利潤率（profit margin）底線的現實限制。同時，雖然有越來越多的設計師和品牌開始採取企業社會責任（Corporate Social Responsibility, CSR）憲章、自由貿易（Free Trade）、以及透明供應鏈等做法，然而這個產業快速發展的商業本質，卻減輕了對主流做法進行全面性大改革的急迫性[9]。

從某個層面上來說，這些發展可能會被解讀成，為獨立設計師所敲響的一記喪鐘。然而，隨著大量客製化（mass customization, MC）趨勢的到來，不但讓消費者躍升成時尚產業的焦點，還為時尚產業中的中小企業（SMEs）提供了絕佳的機會，讓它們得以把特定的小眾市場（以人口統計和生活方式來區分）當成目標，並提供更為客製化的產品及服務給特定的消費客群。

時尚設計師的新運作模式包括：推行「微型企業家」（micro-preneur），提供獨特產品給連結性極強的小眾客群；透過「群眾募資」（crowdsourcing／crowdfunding）的方式為新企業募集資金；快閃店（pop-up store）及時尚表演活動；發展品牌、網路及實體商店個性以吸引目標客群；為可提供多樣技術及產品的設計團隊工作[10]。

然而，這些方案在全球時尚文化中是否實際可行呢？全球化概念已取代了現代化概念，指一種文化、地方與人民之間與日俱增的連接性，似乎沖淡了國家、民族、意識形態等各方面的差異，同時提升了全球文化中令人恐懼的同質性──以時尚的角度來說，意味著我們未來將會穿著一模一樣的東西。相形之下，「全球在地化」（glocalization）的概念，則是用來描述生產的商品與款式適合本地的品味喜好，並設計來與全球品牌及產品競爭。「在地」高級時裝就是全球在地化的例子之一[11]。

全球在地化旨在「顛覆、抵制和驅散……全球文化的不對稱性」[12]。對於全球在地化的前景，正面的影響（positive spin）是它會導致「不同的地理區域產生獨一無二的成果」，使多元的文化產品及文化象徵得以蓬勃發展[12]。

有兩個名詞被創造來描述這個現象所衍生出的子現象，也就是「事物的

---

[8] 出自於 Posner, H. (2011) Marketing Fashion. London: Laurence King.

[9] 出自於 Minney, S. (2012) Naked Fashion. The New Sustainable Fashion Revolution. London: New Internationalist Publications.

[10] 出自於 Brabham, D. (2008) Crowdsourcing as a Model for Problem Solving: An Introduction and Cases. Convergence: The International Journal of Research into New Media Technologies,14 (1), 75-90. Brengman, M. (2009) Determinants of Fashion Store Personality: A Consumer Perspective. Journal of Product and Brand Management, 18 (5), 346-355. McRobbie, A. (2004) British Fashion Design: Rag Trade or Image Industry? London: Taylor & Francis. Radder, L. (1996) The Marketing Practices of Independent Fashion Retailers: Evidence from South Africa. Journal of Small Business Management, 34 (1), 78-84.

[11] 出自於 Ritzer, G. (2003) Rethinking Globalization: Glocalization/Grobalization and Something/Nothing. Sociological Theory,21 (3), 193-209.

[12] 出自於 Chew, M. (2010) Delineating the Emergent Global Cultural Dynamic of "Lobalization": The Case of Pass-off Menswear in China. Continuum: Journal of Media and Cultural Studies. 24 (4), 193,559-571.

全球化增長」（grobalization of something）以及「虛無的全球在地化」（glocalization of nothing）。前者意指本地產品在全球的擴散，起源於香港的時尚品牌「上海灘」（Shanghai Tang）所發揮的全球影響力，或是風靡全球的旗袍（cheong sam）改良版，皆為其中實例；後者意指跨國企業為「不知情的全球消費者」製造不實的在地商品之作法，舉例來說，以現有的方式加上在地化色彩的全球性商品，例如紀念T恤和時效短暫的觀光商品。

趙明德（Chew）更把這些現象與「在地全球化」（lobalization）偽造的假貨、魚目混珠的商品的概念加以比較。在地全球化的產品是正版產品的相似變化版，外觀足以混淆消費者，例如Versuce相對於真正的Versace商標產品，或是KLDY與DKNY品牌混淆[12]。這類產品是在本地為本地市場所生產製造，雖然可能會出現外國（義大利設計）或是跨國（巴黎銷售）的標示。在中國生產的男裝銷售給中階消費者，就是魚目混珠現象的實例。

雖然這類現象似乎開啟了一種「混種文化，促成了兩者間的另一種選項，同時避開了本土沙文主義（indigenous chauvinism）與全球同質化的危險」[12]，但也可以被認為是助長了全球文化不對稱性，同時削弱了在地創意產業的發展機會，譬如仍保持著「未開發」的時尚產業[12]。

基於以上理論，全球化的趨勢對於時尚管理的影響無遠弗屆，同時限制了反全球化、微市場、小眾市場、以及地方特有時尚業的發展潛力。果真如此，確實理解時尚管理的施行與其關聯性，並將其注入時尚教育，這項需求比以往任何時期都要來得更加迫切。故本書《時尚商業學》在以嶄新方式探討時尚界這點上，功不可沒。

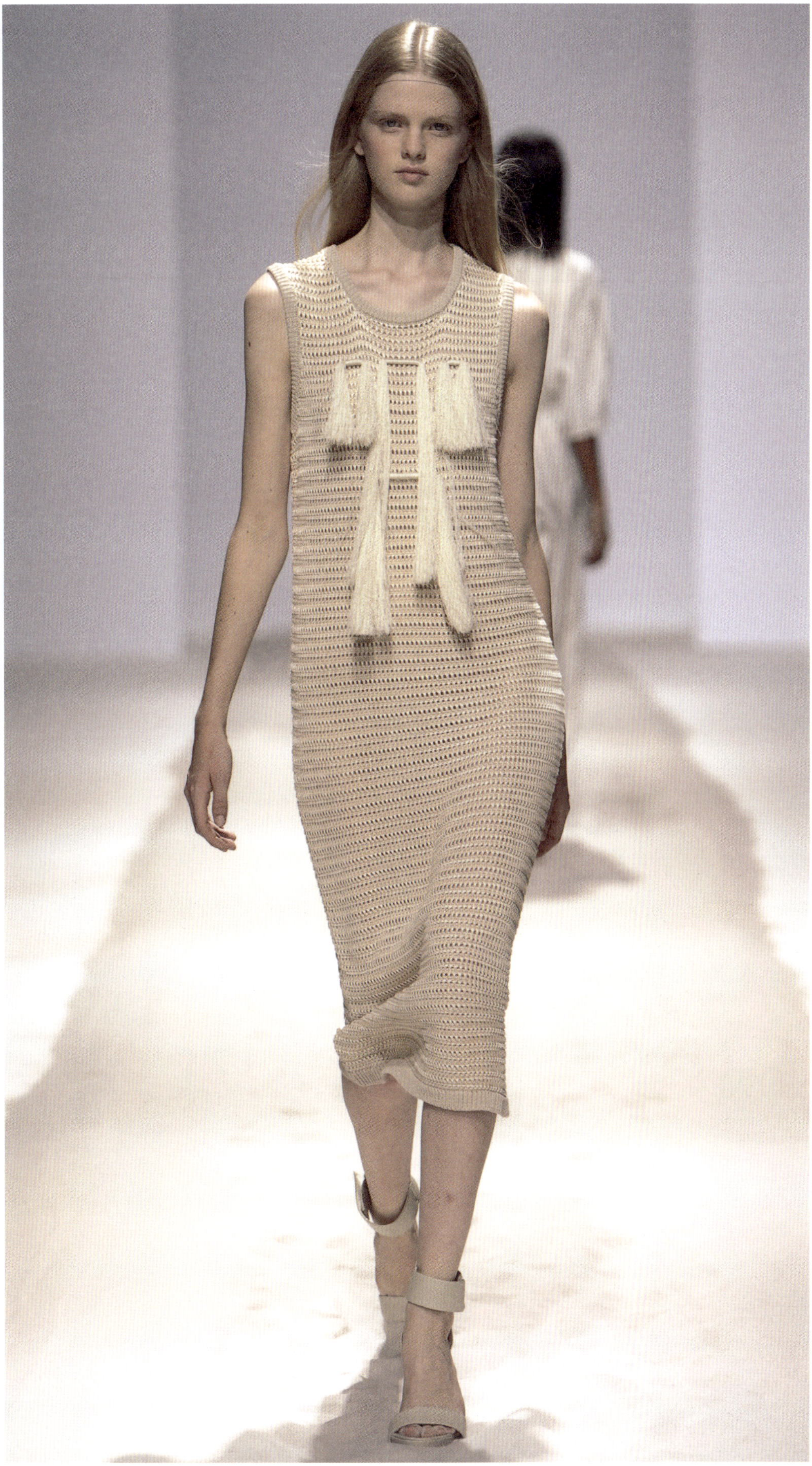

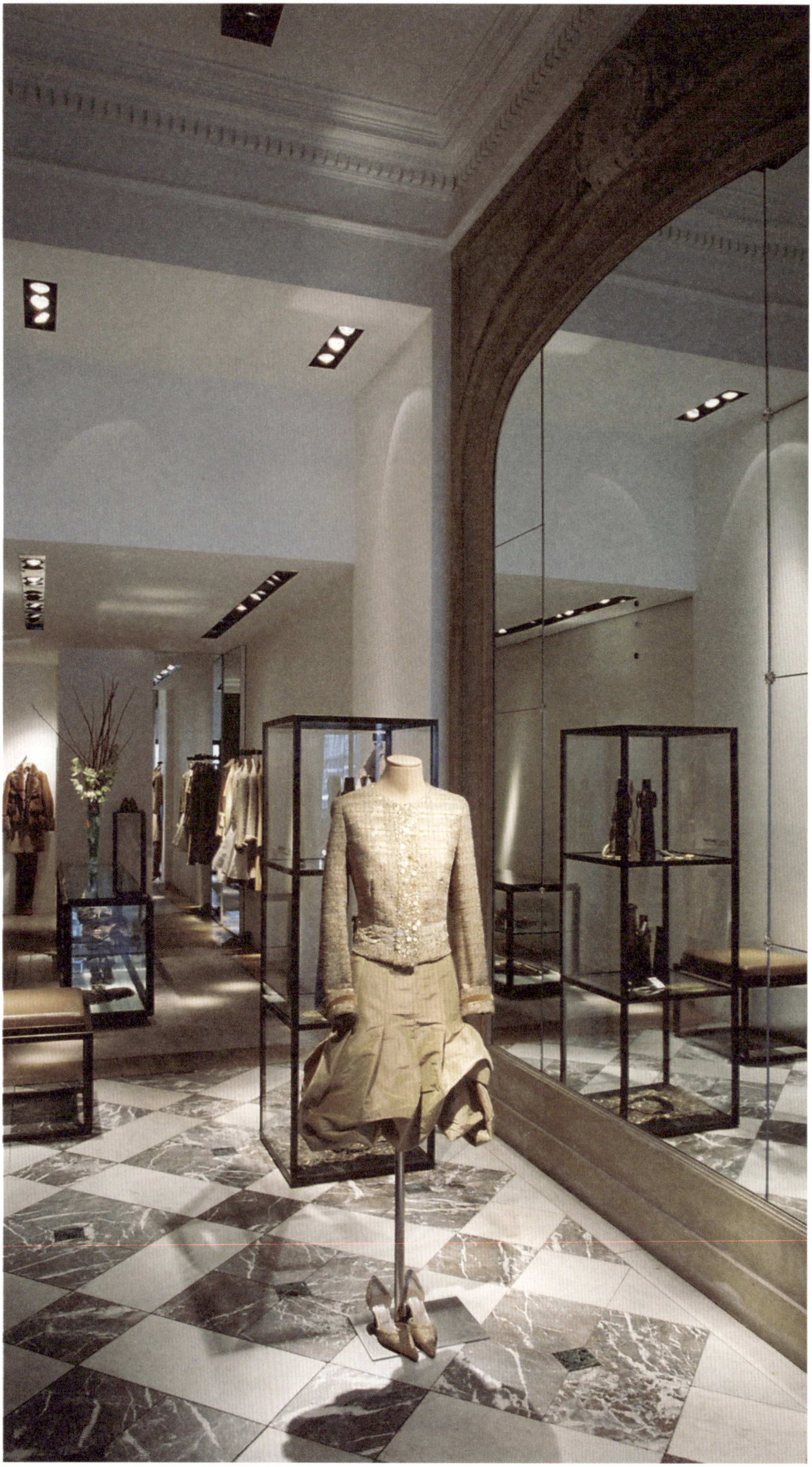

INTRODUCTION

引言

成功的經營術 = 受市場肯定的設計師

安妮克・舒拉姆
Annick Schramme

極具國際競爭力的創意之都 ── 比利時

不論從社會或是經濟觀點來看，時尚都極為重要，是創意產業中不可或缺的一部分，也在歐洲的經濟中扮演著顯著的角色。Louis Vuitton、Dolce & Gabbana、Stella McCartney、H&M 及 Zara，只是成立於歐洲知名時尚品牌中的數例而已。消費者每年平均在時尚的花費是 700 歐元。過去三年間，服裝和紡織工業的營業額是 5,620 億歐元，還有 87 萬間公司參與了批發、零售及製造的過程[1]。儘管遭遇金融危機的威脅，歐盟地區的服裝市場營業額仍將於 2016 年超過 3,000 億歐元[2]，而歐洲時尚產業成千上萬的公司更僱用了 540 萬人。根據一項歐盟 27 個成員國衣著支出方面的國家排名，比利時排在第八名[2]。以全球來看，時尚版圖的成長更是驚人；時尚已成為一個有著數萬億美元產值的產業，全球估計有 2,600 萬的從業人員[3]；2004 年，全球的紡織品及服裝產業已占全球 7% 的出口總額。這些數字指出，時尚不僅是一個成功的產業，更是最具活力及國際競爭力的創意產業之一。

[1] 出自於 Eurostat 2012.
[2] 出自於 Verdict Research Ltd. (2012) European Clothing retailing.
[3] 出自於 Hines, T. & Bruce M. (2007) Fashion Marketing. Contemporary issues. The Netherlands: Elsevier Ltd.

在比利時的法蘭德斯（Flanders）地區，時尚產業也代表了創意產業中重要的一環。我們來看看法蘭德斯的創意產業整體的數字[4]：創意產業代表著 3% 的國內生產總值（GDP），13.2% 的自營（self-employed）業者在創意產業工作，這個數字相當於 3% 的法蘭德斯整體從業人員。

法蘭德斯的時尚產業	自營業者人數	雇主人數	雇員人數（全職）	營業額（歐元）	附加價值（歐元）
創意及生產	1.753	332	3.540	1.734.336.830	311.878.870
經銷	2.276	604	4.993	2.284.515.758	454.795.059
零售	3.246	3.022	19.394	4.540.558.811	1.169.386.187
總計	7.272	3.958	27.927	8.559.411.399	1.935.460.116

圖 1. | 2010 年法蘭德斯時尚產業的價值鏈（value chain）[5]。

	自營業者人數	雇主人數	雇員人數（全職）	營業額（歐元）	附加價值（歐元）
時尚產業	7.272	3.958	27.927	8.559.411.399	1.935.460.116
創意產業	52.882	8.586	73.862	22.602.952.389	6.902.263.728

圖 2. | 2010 年法蘭德斯時尚產業與整體創意產業在就業、營業額以及附加價值各方面比較[6]。

[4] 出自於 Schrauwen, J., Schramme, A. (2013a). De Modesector in Vlaanderen gesegmenteerd [The fashion industry in Flanders, by segment]. Study commissioned by Flanders Fashion Institute, University of Antwerp/the Antwerp Management School.

[5] 出自於 Schrauwen, J., Schramme A. (2013b). Annex: een gesegmenteerde bedrijfseconomische impactmeting [Annex: A segmented businessmanagement impact measurement]. Unpublished study commissioned by Flanders Fashion Institute, University of Antwerp and the Antwerp Management School.

[6] 出自於 Schrauwen, J., Demol, M., Van Andel, W., Schramme, A. (2013c). Creatieve Industrieen in Vlaanderen in 2010, Mapping en Bedrijfseconomische Analyse [Creative industries in Flanders in 2010: Mapping and business-management analysis]. Antwerp Management School/Flanders District of Creativity.

再看看時尚在創意產業中的占比，我們可以確定的是，在法蘭德斯地區，時尚產業的營業額占創意產業整體營業額的 30%，以及附加價值的 35%；由此可見，時尚產業可說是法蘭德斯最重要的創意產業之一。

然而細看之下，這些數字揭露了許多值得關注的現象，特別是一股往全球化、同質化、水平及垂直整合邁進的趨勢，而並未考慮到此舉會為在地產業的經濟或創意面帶來什麼樣的後果。

在本書中，我們以前瞻及批判的角度，來探討全球化對於時尚產業造成的影響。更具體來說，我們會關注於比利時在地的時尚產業以及獨立設計師所面臨的處境；面對由奢侈品牌和全球零售商主導的全球化浪潮，他們該如何奮力求生？大部分出版品的焦點都放在銷售奢侈品牌的公司，本書反其道而行，聚焦於獨立創意設計師的業務營運狀況，並帶出主要的問題：在全球化的世界，年輕的獨立設計師是否還有未來？當他

們有了自己的品牌之後，什麼是他們必須納入考量的成功關鍵因素以及潛在的危險陷阱？在時尚界要闖蕩出一番事業並不容易，消費者在購買一件襯衫或一套洋裝時，往往不知道這件衣服要花費多大的心力與代價，以及有多少人參與在這複雜的產業之中。

比利時以它的高端獨立設計師聞名於世，尤其自從「安特衛普六君子」在 80 年代崛起之後，更是聲名大噪。1981 年，法蘭德斯政府的「紡織計畫」（Textile Plan）為每況愈下的紡織產業注入了新生命；加上「時尚，這就是比利時」（Fashion, this is Belgium）的行銷宣傳活動以及「金紡錘」大獎（Golden Spindle award）的設立，讓法蘭德斯的時尚產業更加蓬勃發展。還要感謝某些比利時時尚設計師極端個人化與頑強風格，以及安特衛普皇家藝術學院時尚學系（the Fashion Department of the Royal Academy of Fine Arts）卓越的藝術聲譽，使比利時時尚得以繼續在世界舞台上發光發熱。2013 年，當皇家學院歡度它的 350 週年慶時，時尚學系也已經屹立了 50 年，再次證明其培育新秀的實力不容小覷。

在本書中，我們會進一步探討獨立創意設計師背後的商業現實面，包括華特・范・貝倫東克（Walter Van Beirendonck）、德賴斯・范・諾頓（Dries van Noten）、安・得穆魯梅斯特（Ann Demeulemeester）、以及拉夫・西蒙斯（Raf Simons）。他們如何在全球化的時尚世界中占有一席之地？今日，他們又是如何運籌帷幄？楚依・莫爾克藉由穿插於本書中的簡短訪談，娓娓道出他們的故事。

細心的讀者會注意到「比利時」與「法蘭德斯」的時尚概念，在本書中常被交替使用。當我們使用「比利時」的時候，大多是指設計師表達自己的方式，因為在國外，他們大多標榜自己為「比利時設計師」；「法蘭德斯時尚」的概念，指的是設計師的發源地。而當我們說到「安特衛普時尚」，則是指設計師的教育背景，是在安特衛普的皇家學院時尚學系接受訓練；這些設計師中，有些仍然住在安特衛普。

你可以把本書區分成兩大部分，**第一個部分**（第一堂課～第五堂課）是把焦點放在時尚產業的全球趨勢，囊括了數位年輕學者的諸多貢獻，像是卡琳娜・諾布斯、弗朗西絲卡・里納爾迪等人。如同珍妮佛・克雷克在前言中所述，從 80 年代開始，時尚產業的背景環境已經產生了根本性的改變，全球化、數位化、以及技術創新的各種趨勢，對參與時尚產業

及價值鏈（創作、生產、經銷、零售以及消費）中的所有角色，都產生了巨大的影響及衝擊。

第二個部分（第六堂課～第八堂課）是以在地獨立設計師的觀點來撰寫，由擁有豐富實務經驗的專業人士執筆。這些時尚專家不但對於獨立設計師所面對的挑戰非常了解，而且首次把他們的專業知識與深入洞察彙整在一起，提供給有志於時尚的設計師以及廣大的公眾讀者，也希望有助於年輕設計師在暗潮洶湧、艱辛混亂又高度競爭的時尚界中，找出自己的方向與道路。

第一堂課「如何替你的時尚品牌定位」的內容中概述了時尚產業的整體架構。談到時尚，人們大多把「時尚產業」視為一個整體，但實際上，整個時尚產業中還包括了許多不同的產業別或是「區隔」（segment）。想在時尚界中替你的品牌定位，了解你的公司所處的特定環境是極為重要的。史勞溫及舒拉姆確認了四個主要的區隔，一端是高度全球化的奢侈品牌公司，營業額極為龐大，主要來自與他們品牌有關的香水、化妝品、以及配件飾品等營銷；這個區隔當然也存在於法蘭德斯的市場中，雖然源自比利時的奢侈品牌並不多見。比利時的品牌大多出現在其他的區隔中，也就是中階市場及零售商。另一端是獨立創意設計師，也就是比利時時尚產業最典型的表徵。第一章中清楚闡明了每一個區隔的價值鏈及商業模式，作者也強調，時尚產業中各個區隔之間的差異並非不可跨越的鴻溝，公司企業更運用越來越多的創新策略，企圖打破其間的區隔以接觸新的客群。

第二堂課「新形態的時尚專賣店：旗艦店快閃店」中，卡琳娜．諾布斯說明了全球化趨勢對零售業以及新零售業態（retail format）的出現所產生的影響，特別反映於兩種特殊專賣店 (specialty store) 零售業態（specialty retail format）上：「旗艦店」（flagship store）的現象，以及最近的「快閃店」（pop up store）。這堂課的內容始於零售業態概念的概述及定義，並將它對於時尚品牌的廣泛用途加以說明，接著討論旗艦店及快閃店的歷史及特性，並分別提供有趣的實例。由於數位化對零售產業的組織帶來了極大的影響[3]，品牌必須給消費者一個到訪實體商店的好理由[7]，而這項轉變也迫使時尚零售業界展開改變與創新，零售組織不得不持續注入活力與新意，重塑它們的企業形象識別[3]。

[7] 出自於 Nobbs et al 2012.

過去十年中，時尚企業與消費者的關係已產生了急遽的轉變。為了維持差異化，時尚品牌亟欲尋求新穎、創新的方式，試圖抓住精明消費者的情感、理智和錢包。

第三堂課「時尚產業的網路傳播大挑戰」中，弗朗西絲卡・里納爾迪探討社群媒體（social media）對於這些關係的影響。「虛實整合」（click and mortar）零售商與提供網站的傳統零售商的出現，刺激了網路購物的市場，新興消費者越來越信賴網路上的建議，也很習慣於在網路上分享他們的選擇和想法；零售商、製造商及網路公司之間的界線，變得越來越模糊。伴隨著產業結構的重整，消費者的忠誠度似乎也降低了[3]，他們根據價格、品質、便利性或品牌知名度「四處比價」、尋找最優惠的交易，然而，他們在網路上進行時尚購物的行為是難以預料的。時尚產業管理思維的「舊」範例因此受到了前所未有的挑戰，快速的回應、深具彈性的方式以及持續提供創新產品給消費者的動力，都必須有效地安排利用[3]。

消費者也希望能夠更了解產品的原產地、製造過程、以及所使用的勞動力。里納爾迪的第二個部分把重點放在環境及社會的永續發展，也是時尚企業傳播策略中一項新興的課題。新的消費者參與公司企業直接溝通對話的意願日漸提升，社群媒體更助長了這場企業對客戶（business-to-client）的溝通革命。隨著這個新紀元的來臨，時尚企業必須發展出新的競爭力、提升供應鏈的透明化程度、並且增加對網路通路的投資，才能達到時尚的傳播與溝通目的。

經常有媒體報導關於時尚產業對資源的剝削與利用。舉例來說，在低開發的落後地區所製造的衣服，被出口到已開發地區的市場並以高價販售；那些製造工廠的工人只能賺取勉強糊口的工資，而他們的雇主就是全球供應網絡中的一環，以滿足已開發國家的市場需求為目的。媒體在這類議題上的關注日增，因此時尚產業的業者得準備好回答一系列的問題：如何降低對環境所造成的影響？對於業務營運所在地（轄區、行政區、國家）的經濟發展有何貢獻？該如何透過新媒體與利益相關者進行互動？有什麼資源能夠回饋到在地藝術與文化的起源地，也就是品牌風格識別的靈感來源？

有鑑於目前全球化及外包代工的過程，企業要如何確保所有它所營運生產製造的國家中，勞工的權益有受到重視、技術有被開發？企業是否尊重消費者？里納爾迪為時尚產業中管理及傳播永續性的機會，提出了邏輯性的推論，同時關注於品牌得以永續經營的機會，並發展出各種有助於時尚品牌永續經營的基本原則。

在**第四堂課「時尚產業推向國際的實戰策略」**，范·安德、德摩爾、以及舒拉姆針對時尚品牌的國際化策略進行了精闢的討論。迪肯（1998）為國際化與全球化的過程做出區別，他認為全球化是環環相扣的複雜系統，而非一種最終的狀態；國際化則是將各個不同地理位置的經濟活動量化，導向更廣泛地理模式的經濟活動。時尚品牌的國際化顯見於多種層面，國外市場的擴展是其中之一，還有價值鏈的國際化——從創造、外包到製造、經銷，行銷則是另一場更為根本性的演進過程。過去的二十年中，時尚品牌的國際化以前所未見的速度擴展，有幾項要素促成了這項發展，同時受到各種推力與拉力因素的推波助瀾。幾種理論也隨之發展出來，說明時尚企業如何將它們的營運及銷售方式國際化。「烏普薩拉模式」（Uppsala model）提出，企業在國內市場營運一段時間之後，從經驗中累積了更多關於該市場的知識，可運用並推廣至極為類似的新市場，並加強對這些新市場的承諾與涉入程度。近期的「天生全球化模式」（Born Global model）則認為，公司在不同背景及快速競爭環境中經營運作，因此必須尋求國際化的捷徑。後者的理論可說與高端的獨立設計師更為相關，無論是在生產及銷售方面，他們往往很快就得面對國內市場的侷限，並認知到快速擴張至海外市場的價值。法蘭德斯時尚產業中有許多資金、管理及時間資源都非常有限的中小企業，仍然成功地將它們的營運活動推往國際化市場。這章內容描述了獨立及高端時尚產業的國際化現況，並且概述國際化生產及銷售的主要地區。除此之外，還提供了對國際化過程、助力及阻力的深入洞察。最後，藉由近距離檢視商業模式以及國際化對其所帶來的影響，詳細說明國際化的營運管理。

第五堂課「時尚產業相關法律」中，知名設計師德克·比肯伯格（Dirk Bikkembergs）的前律師迪特·格內爾特，探討了各種法律議題，是時尚設計師或時尚企業品牌在經營過程的某些時候不得不去面對的問題。雖然法律事務往往是設計師最後才會想到的問題，但每位設計師都該思考如何讓自己的智慧財產得到最佳的保護，譬如創意成果的展現（名稱、圖像、設計等）。如果他沒有對自己的原創作品、名稱、識別標誌或是發明提

供任何的法律保護，過不了多久，他的戲就唱完了。接下來，要討論的是如何充分利用他的智慧財產——藉由與第三方簽訂協議，賦予其使用權以換取財務上的回報。本章簡要討論了各種協議，例如授權協議（license agreement）、製造協議（manufacturing agreement）以及商業代理協議（commercial agency agreement），並強調其中的關鍵條款。最後，格內爾特更提供了許多發展時尚品牌時，可運用的版權相關技巧與訣竅。

本書的第二個部分，我們從學術的、全球性的觀點轉變成較為實務而個人的方式，也就是獨立設計師的觀點。

大多數有創意的設計師畢業之後，都會夢想要創造出自己的品牌或服裝系列。但是主要的問題在於，沒有人會引頸企盼著一個新的時尚品牌問世，西方的時尚市場早已處於飽和狀態，與其他產業相比，時尚產業並非僅遵循著供需法則運作，時尚商品的需求是由供應商創造出來的。由於全球化的影響，時尚體系也以令人難以置信的速度在運作，早秋新裝（pre-fall collection）、初夏新裝（pre-summer collection）或類似換季小品的膠囊系列（capsule collection），快速地輪番上陣，一個獨立設計師想跟上如此忙碌的節奏，幾乎是不可能的。

矛盾的是，大部分年輕有創意的設計師對消費者的喜好並不太感興趣；他們從自己的創意宇宙中開始發想，對於自己的作品是否有市場往往不甚在意，因此畢業之後，夢想很快就幻滅了，原因之一就是他們尚未準備好面對商業的現實面以及時尚產業的市場面。他們可能已經學會了勇於創新，但是對於時尚體系以及開創品牌所需要的管理能力一無所知；正因如此，時尚設計師的職涯道路相當多變、無法預測[8]。許多人在數年之後放棄了，選擇離開這個產業，或是打算進入一間大型的時尚公司從基層做起，重新學習商業經營，大部分人會選擇兼顧或結合不同的工作內容。

本書旨在填補這項理論與實務之間的知識連結，並分享對於時尚產業中管理與創業精神的關鍵洞察。

[8] 出自於 Keysers, A. (2011-2012) Van naald tot draad: knelpunten en succesfactoren van alumni van de Mode Academie 1988-2013. (From needle to thread: undressing the factors of success in the careers of fashion graduates 1988-2013). Unpublished masterthesis, Master Cultural Management, University of Antwerp. Harlange, S. (2011-2012) Succesfactoren ont(k)leed: kwantitatief en kwalitatief onderzoek naar de loopbanen van de alumni van de opleiding Mode aan de Koninklijke Academie voor Schone Kunsten Antwerpen, 1963-1987. (undressing the factors of success: quantitative and qualitative research on the carreer paths of graduates from the Royal Academy of Fine Arts Antwerp, 1963-1987). Unpublshed masterthesis, Master Cultural Management, University of Antwerp.

第六堂課「對的財務決策，決定品牌生死」，拉夫・衛美恆指點獨立設計師該如何管理他的財務。這位法蘭德斯「文化投資」基金（法蘭德斯創意產業投資基金）前專案經理人，擔任督導時尚企業的工作數年之久。在本章中，他會以全面性又易於理解的方式，跟滿懷抱負的設計師分享他的經驗及專業知識。根據他的經驗，大部分的創意人都寧可將精力放在創作上，而非財務和數字上。儘管如此，在複雜的時尚商業中，財務管理應為你的首要之務。金流的規劃是決定業務成功與否的關鍵，因為沒有任何產業跟時尚業一樣，預籌資金的重要性如此顯而易見；這個產業由於步調太快，新作接二連三地推出，一位設計師會同時處於不同系列的不同階段。因此，全面檢視業務金流的狀況，特別是與生產流程相關的部分，就成了攸關勝敗的關鍵所在。成功的財務管理祕訣，在於充分掌握業務的各個面向，並且完整理解特定時尚作業的相關時程安排，對於組織層面進而對財務層面的影響。本章中所介紹的實用工具，可提供設計師掌控其業務所需的知識，也是讓企業組織更趨健全的指引。「不要害怕，但要渴望」是拉夫・衛美恆建議的座右銘。

在本書的**第七堂課「獨立品牌成功存活的要素」**，「法蘭德斯時尚協會」（Flemish Fashion Institute, FFI）[9] 前專案經理人瑪莉・迪貝克，現為法蘭德斯文化投資基金工作，希望與剛起步的時尚設計師分享她的實務經驗。她以創意人的角色綜觀所有必須納入考量的步驟，期望以永續發展的角度來發展時尚品牌，也強調開創自己的品牌之前做好充分準備的重要性。設計師必須明瞭自己身處的產業、誰是他的主要競爭對手、以及誰是他的消費客群，同時開拓自己的視野、掌握影響產業的外力動態、擬定接下來數年準備進入市場的計畫。最後，她也為有志成立時尚公司的人，提供了許多技巧及明智的建議。

一本討論法蘭德斯時尚產業的書倘若沒有提及「安特衛普六君子」，就不能算是一本完整的時尚專書。而關於他們的故事，再沒有比資深時尚記者薇兒・溫德斯是更適合介紹他們的人選了。因為在過去的二十多年，她一直滿懷熱情地追隨並批判著時尚界，甚至見證了 80 年代末期安特衛普六君子的崛起。**第八堂課「比利時時尚獨立國：以小搏大」**，溫德斯揭露了安特衛普六君子未曾公開的軼事，舉例來說，她徹底打破了「安特衛普六君子」的神話，把馬丁・馬吉拉（Martin Margiela）納入成為正統的「安特衛普華麗七人組」（magnificent Antwerp Seven）。

[9] 法蘭德斯的政府組織，專為法蘭德斯及海外的時尚產業提供支持與指導。

溫德斯檢視了他們事業道路上關鍵的成功要素，也強調這七位設計師中，並非每一位都穩坐於成功的寶座上；她指出他們的事業道路以及成功的程度都大不相同。最後，她觀察新近崛起的高端比利時設計師以及他們所面對的機會與威脅；安特衛普七人組或許已為新世代的設計師鋪好了路，但他們仍必須在日趨全球化、競爭白熱化的時尚界中，找出自己的定位。

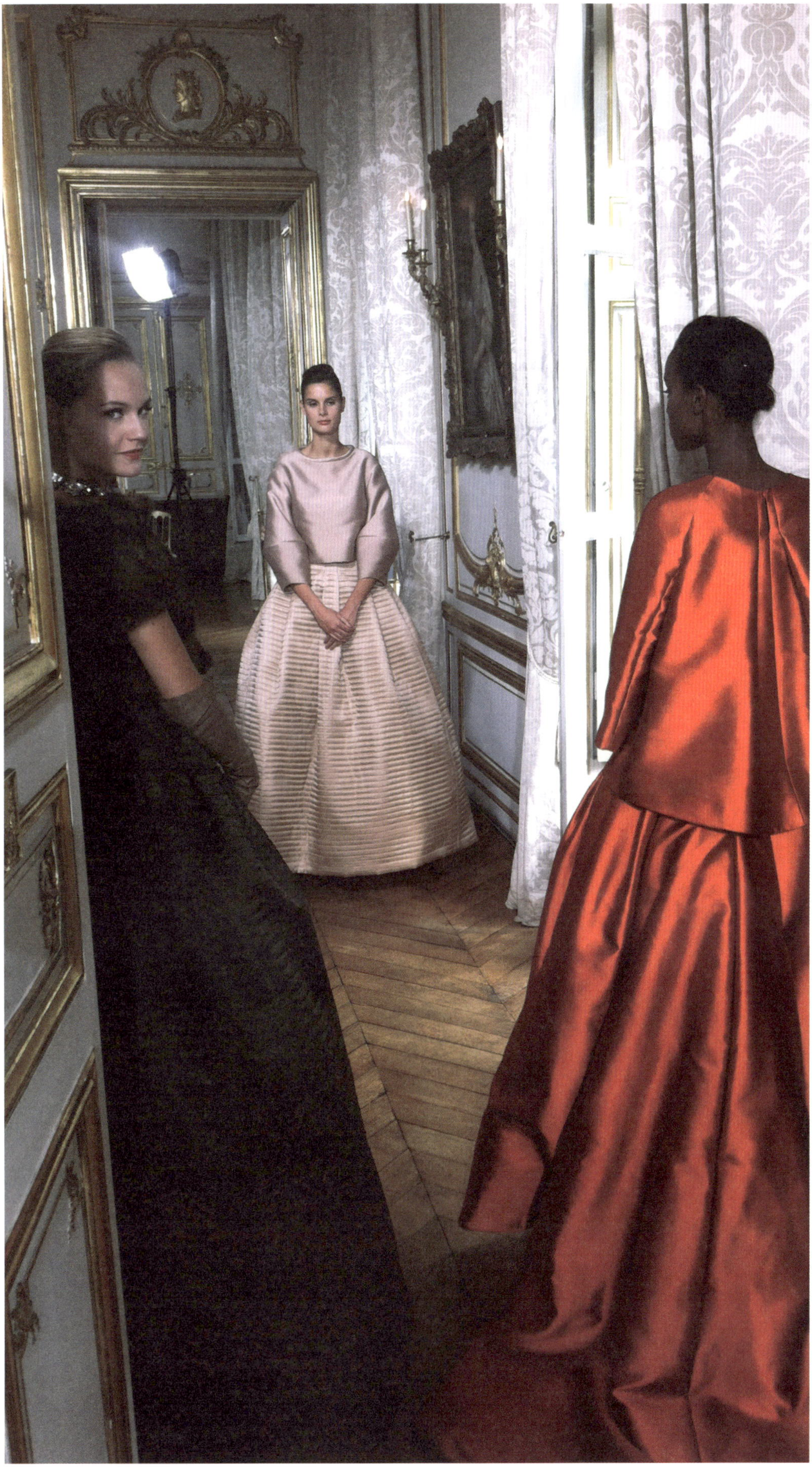

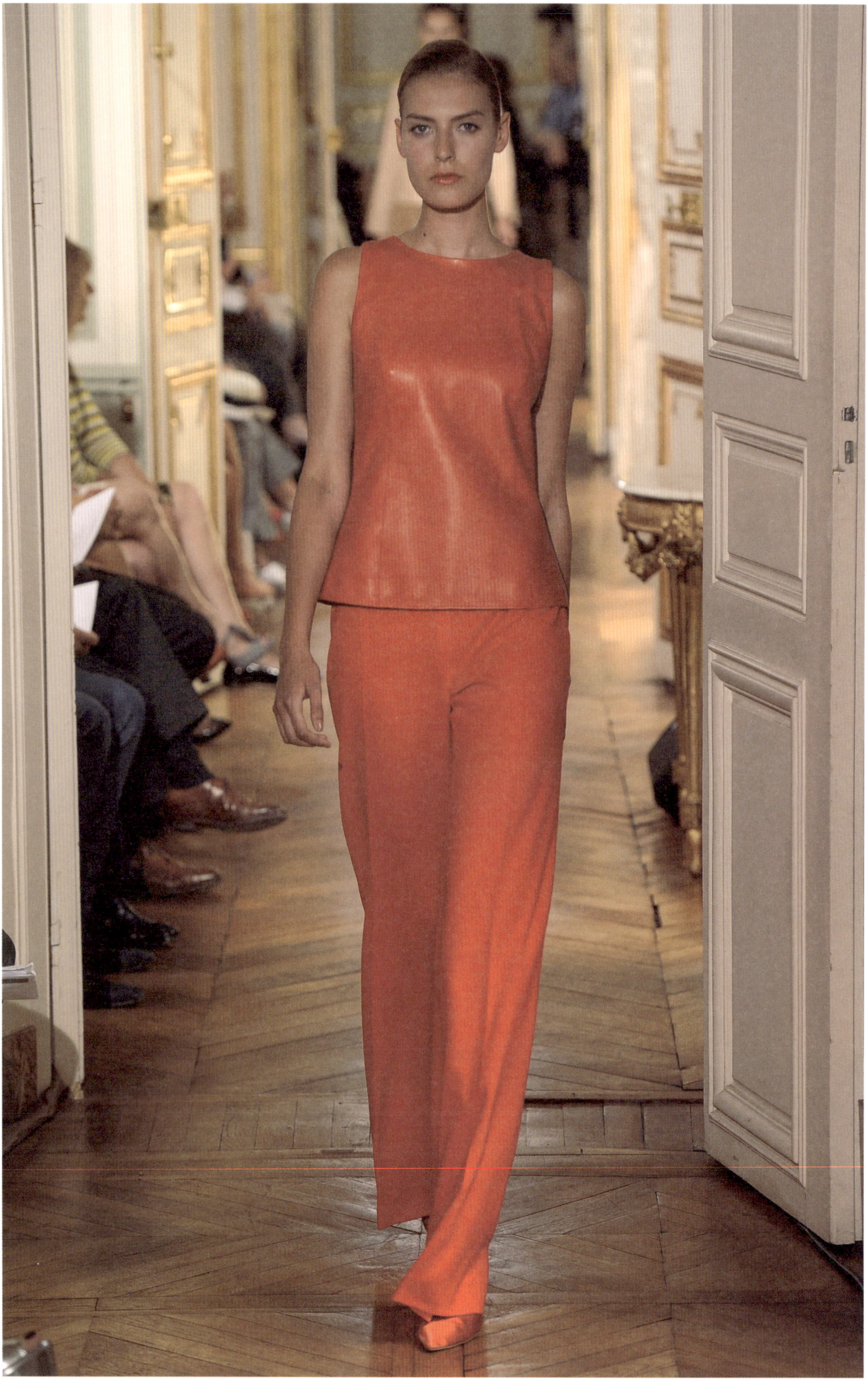

UNRAVELING THE FASHION INDUSTRY

第一堂
如何替你的時尚品牌定位

蕎克・史勞溫 & 安妮克・舒拉姆
Joke Schrauwen & Annick Schramme

看穿消費者心態，找出正確定位

我們為何對每年一月及九月 Dries Van Noten 及 Louis Vuitton 令人目眩神迷的時裝秀讚嘆不已，但是絕大多數的衣服卻都是從 Zara 或 H&M 這類的零售連鎖店買來的？當我們談到時尚產業時，得先了解這個產業其實涉及好幾類的「商業活動」。

幾乎每個產業都有明確獨特的產品種類、各種經銷管道以及不同類型的消費者，時尚產業體系也是由許多的產業所組成（紡織品、服裝、針織品、皮革製品、配件飾品等），這些產業又可以進一步細分為不同的競爭區隔；而在每個產業的區隔之中，每間公司得決定如何競爭、或是如何為自己定位。我們將在本章說明服裝產業中的結構區隔（structural segmentation）。

我們研究法蘭德斯的時尚產業，可以確認出四個主要的區隔：獨立設計師（independent designer）、奢侈品時尚企業（luxury fashion concerns）、中階市場區隔（middle market segment）以及零售連鎖通路（retail chain），在法蘭德斯，又以獨立設計師及中階市場區隔最為明顯。

本章中，我們會找出這些不同時尚區隔之間的差異，也希望能深入了解這些時尚商業活動的動態變化，之後再根據時尚區隔的商業模式，說明這些不同的區隔。艾莉卡・科洛貝里尼（Erica Corbellini）及史特芬妮亞・薩維歐羅（Stefania Saviolo）[1] 定義一個時尚產業的商業模式包含了四大構件：一、提供給市場的價值主張；二、價值主張所訴求的目標客群區隔；三、提供客群這項價值主張的傳播及經銷管道；四、價值鏈的組織型式，垂直或水平整合的程度。我們會把焦點放在他們的服裝系列組合、價值網絡（value network）的闡釋，以及整體的策略、財務及行銷管理的概述上。

商品定位 —— 找出價格與認知感受度上的差異區隔

我們的區隔有什麼主要的標準呢？科洛貝里尼及薩維歐羅[1] 根據三項宏觀標準（macro-criteria）來區隔服裝產業：產品的最終用途、客群以及價格。我們會先行討論價格及產品定位，客群將整合於商業模式之中，稍後再來討論。

這些基本區隔的主要差異，在於不同的品牌定位都運作於一個不同的價格區間之中。檢視基本成衣物件的價位，可以大致分類成以下四種價位：

4　獨立設計師／奢侈品時尚企業　　3　中階市場區隔　　2　零售連鎖通路　　1

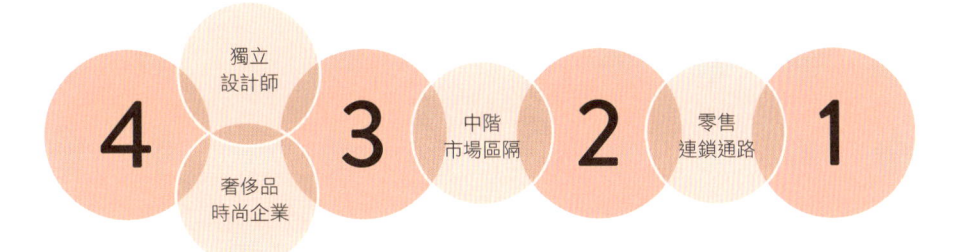

圖1 ｜ 根據基本成衣物件價位區分的時尚品牌區隔

同時，若以作品的創意及個性特色的相對重要性來觀察，這些品牌區隔間也有所差異。

這些區隔的一端，是對於創意商品作為地位性商品（positional goods）的認知感受度，身為該產業的核心人物，時尚設計師多為產品導向，而非市場導向。據雅各布斯（Jacobs）[2] 等人的定義，地位性商品的象徵價值（symbolic value）及市場價值（market value），極大程度上是取決於同行及專家的意見；這項說明中強調了作品的創造性、珍稀性及獨特性。相反的，另一端則是對於創意商品作為個人消費商品的認知感受度；以這個角度來看，象徵價值和市場價值是由個別消費者的滿意度所衍生出來。時尚品牌較易受到市場的外來因素所激勵，擁有較為商業化的結構，並往往跟隨著多元化的商業活動。

1　Corbellini, E., Saviolo, S. (2012) Managing Fashion and Luxury companies, Milano: Rizzoli Etas.

2　Jacobs, S., Van Andel, W., Schramme, A., Huysentruyt, M. (2012) Dominante logica in de Creatieve Industrie in Vlaanderen [Dominant logic in the creative industry in Flanders]. Antwerp Management School/Flanders DC.

地位性商品　　獨立設計師　　奢侈品時尚企業　　中階市場區隔　　零售連鎖通路　　個人消費商品

圖2 ｜ 在地位性商品及個人消費商品間連續發展出的四個時尚差異區隔

價位與創意構想也會為價值鏈或價值網絡帶來不同的結構。在深入探討各個區隔之前，我們先簡單地審視一下，時尚產業整體的價值鏈或價值網絡。

價值鏈 —— 從草圖變成服裝的過程

價值鏈代表一項產品或服務的價值創造過程中，所有牽涉其中的不同參與者，換言之，它呈現了一張繪圖如何變成一件服裝。一張新的手提包設計草圖不會自動變成一項商品，也不一定會變成最新最熱門、不可或缺的 IT 包，在這項過程中有許多的參與者。大致上來說，我們可以把一項創意商品或服務的價值鏈描述如下：

| 設計 | 生產 | 經銷 | 廣告宣傳 | 消費 |

圖 3 ｜ 創意價值鏈 [3]

這樣的過程雖類似一個簡單的線性流程，然而在現實世界中，這整個生態系統涉及了不同參與者之間的複雜互動，因此，以網絡關係來呈現這個價值鏈會更適當。一間時尚公司的價值網絡可以概括說明如下：設計師或設計團隊準備好設計草圖，轉換成紙樣及原型，諮詢打版師（pattern maker）意見，轉給製造商生產一系列的完整作品，同時建立起銷售及行銷流程。透過時尚商展、銷售代理商、時裝秀及展售間，原型也被運用於「企業對企業」（business-to-business, B2B）的銷售流程上；而「企業對消費者」（business-to-consumer, B2C）的市場行銷活動同時展開，公關公司、媒體、部落客都在其中各司其職。銷售及行銷流程中也有其他創意要角的參與，包括模特兒經紀公司、化妝師、時裝秀製作人、攝影師、設計師、甚至活動企畫人員。最後，這一系列的服裝經由不同的零售通路來到消費者的手中，從高檔百貨公司、完備的品牌集合店（multi-brand stores）、專賣旗艦店、品牌連鎖店到不同的「網路零售」（e-tail）管道。

顯然沒有任何一間公司可以執行所有的任務，大部分時尚品牌都是「頭尾型」公司，意思就是它們會把生產完全外包給承包商，而承包商十之八九都位於低工資國家；只有設計（也就是「頭」）以及經銷或銷售、甚

[3] 出自於 Guiette, A., Jacobs, S., Schramme, A., Vandenbempt, K. (2011a)Creatieve industrieen in Vlaanderen: mapping en bedrijfseconomische analyse [Creative industries in Flanders: Mapping and businessmanagement analysis]. Antwerp Management School/Flanders District of Creativity.

至只有行銷（也就是「尾」）的部分，會由它們自行掌控。這類的頭尾型公司宛如價值鏈總監（chain director），控制整條價值鏈從設計、製造到經銷的運作，但不在公司內部執行所有相關活動。

媒體、部落客

公關公司

布料製造商

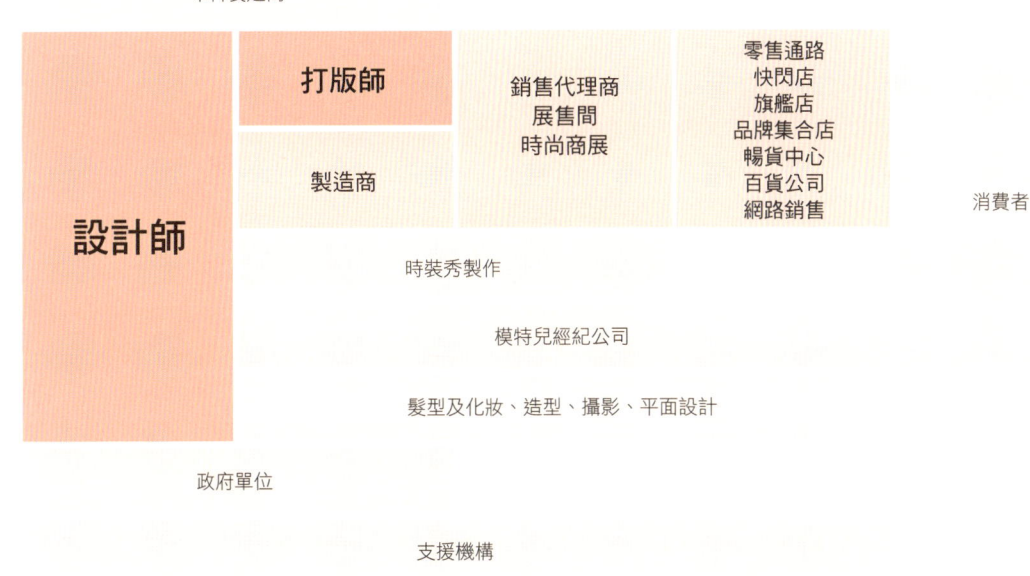

設計師	打版師	銷售代理商 展售間 時尚商展	零售通路 快閃店 旗艦店 品牌集合店 暢貨中心 百貨公司 網路銷售
	製造商		

消費者

時裝秀製作

模特兒經紀公司

髮型及化妝、造型、攝影、平面設計

政府單位

支援機構

訓練／教育／研究

圖 4 ｜法蘭德斯時尚產業的價值網絡 [4] 。

核心創意連結
輔助創意連結
其他部門／協調者

如前所述，我們可以觀察到時尚產業中根據不同標準而區分的數種「商業活動」或區隔，譬如價格的嚴謹標準以及創意的概念。每個區隔中的公司都可能為它們整體的策略、財務及行銷管理，設定不同的優先順位。

大致上來說，我們可以區分出四個主要的區隔，也就是獨立設計師、奢侈品時尚企業、中階市場區隔、以及零售連鎖通路。

[4] 出自於 Schrauwen, J., Demol, M., Van Andel, W., Schramme, A.(2013c) Creatieve Industrieen in Vlaanderen in 2010, Mapping en Bedrijfseconomische Analyse [Creative industries in Flanders in 2010: Mapping and business management analysis]. Antwerp Management School/Flanders District of Creativity.

1.不受潮流主導的獨立設計師品牌

服裝系列特色：個人風格強烈、提高識別度

以獨立設計師來說，他們的創作才華是驅動整體業務的引擎。絕大多數的情況下，設計師建立的品牌會結合自己的姓名，而充滿創意的服裝系列則會帶有他們特別的風格或以茲識別的特徵。雖然獨立設計師往往認為自己較不需受潮流所限，他們在發想一個系列的構成時，仍必須將趨勢潮流的各種基本原則列入考量。下列的金字塔有助於我們大致了解服裝系列如何構成：

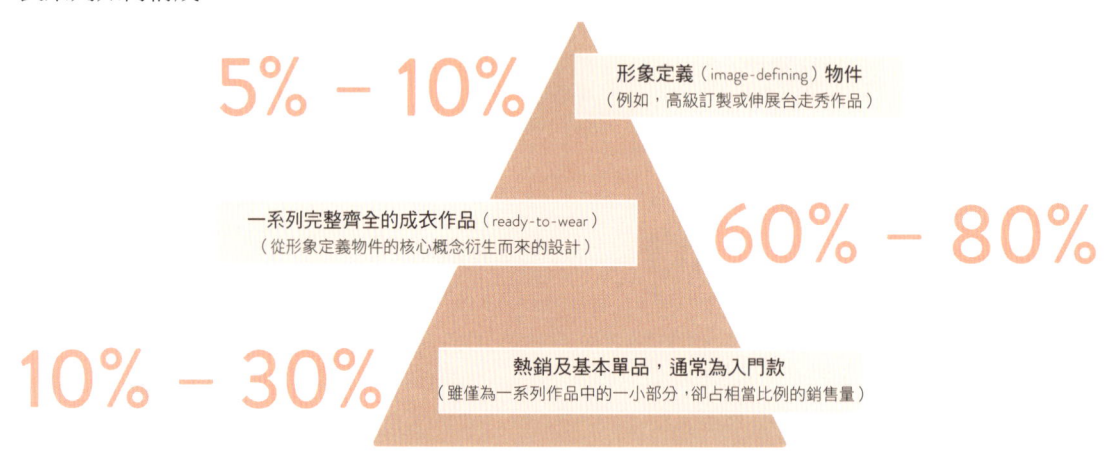

5%–10% 形象定義（image-defining）物件
（例如，高級訂製或伸展台走秀作品）

一系列完整齊全的成衣作品（ready-to-wear）
（從形象定義物件的核心概念衍生而來的設計） **60%–80%**

10%–30% 熱銷及基本單品，通常為入門款
（雖僅為一系列作品中的一小部分，卻占相當比例的銷售量）

圖 5｜服裝系列組成架構的金字塔。

許多獨立設計師遵循著時尚的傳統節奏，每年推出兩次新作：一次在秋冬，一次在春夏；而對同時設計男裝與女裝的公司而言，新作的數量顯然是倍增的。這些新作的展示時間，通常會與國際時尚週時間一致，有些設計師也會推出試水溫的過渡期系列（interim collection）或膠囊系列。

價值網絡：投入大量的創意心血

這個區隔中的價值網絡主要在於個人設計師或設計團隊所投入的創意貢獻——專注於展現作品核心理念的高度概念性，設計通常比沒那麼昂貴的時尚區隔來得複雜，也必須投注相當的精力於前製活動，譬如前製活動中製作樣衣的打版師與製衣師（garment maker），就是設計師的重要夥伴。因此，許多設計師會選擇與這些前製活動夥伴保持近距離的密切聯繫，他們可能就在公司內部，或是位於與公司相同區域的專門工作室。

接下來，設計公司運用前製作業準備好的成果──就是樣衣，著手進行企業對企業的銷售流程，而企業對企業的銷售是否成功，也決定了這次的系列是否成功。

並非所有的獨立設計師都有他們自己的專賣店，即便是頂尖的設計師，可能也只會在一個國際級的城市中擁有自己的旗艦店。除此之外，一個服裝系列不會輕易進駐任何的品牌集合店，因為獨立設計師的風格及形象必須能與品牌集合店相輔相成。再者，這些作品大部分都只在某個城市中的一個或一些地點販售，經銷網絡極少且都經過精挑細選，獨立設計師因此認為，他們必須刻不容緩地將作品分銷至海外市場，這也是這種模式會被稱為「天生全球化」的原因（參考第四堂：時尚產業推向國際的實戰策略）。

類似的情節也在現代的網路銷售市場上演。只有一些獨立設計師得以管理自己的網路商店，因為這會需要他們去建立並維護作品的庫存。大部分獨立設計師經營以自己品牌名義精心設立的網站，或是藉由實體商店所設立網站的子網頁，發展自己品牌的網路銷售業務。

企業對企業的銷售流程始於大量的曝光率。在巴黎、倫敦、米蘭、紐約的國際時尚週期間，盛大的時裝秀及展售間表演開始隆重登場，所有的活動皆致力於創造最佳的象徵價值，時裝秀及展售間表演則盡可能為系列作品背後的核心理念做出最完美的詮釋，因此一切都必須經過完美的安排，包括時尚週、城市、時裝秀地點的選擇，以及模特兒、化妝、燈光、音樂、布景設計、餐飲服務、攝影等各方面。除了時裝秀及展售間，獨立設計師也必須在時尚週期間配合銷售代表及代理商，因為他們有管道可聯繫特定市場的銷售據點。有些設計師還會在時尚週之前或之後，邀請他們的常客貴賓到總部或展售間來參觀；這樣的做法可以延長銷售流程，同時讓設計師得以參考買主所回饋的意見，在時尚週之前進行作品的調整。

在訂單滿載而歸、設計師也獲知來自品牌集合店的訂單概況之後，整個系列的作品就可邁入生產流程了。有別於前製流程的是，這些作品的生產作業往往會外包給低工資國家的不同生產商，例如地中海地區或是東歐國家，只有技術性極高的物件才會在西歐國家的工作室中完成製作（參考第四堂：時尚產業推向國際的實戰策略）。

價值鏈總監：投資獨立設計師的中小型企業

整個過程中，在獨立設計師旁打理一切的公司，就是價值鏈的總監。這些公司可能是員工人數少於五人的微型企業（micro-company）或是中小型企業，端視它們位於哪個成長階段而定。公司股份的掌控通常以設計師為主，以投資者為輔，故公司與設計師的事業發展息息相關，倘若設計師出了什麼差池，就會對公司的存續造成風險。不同於其他的時尚區隔，水平整合（horizontal integration）及垂直整合（vertical integration）很少發生於獨立設計師這個區隔。水平整合指的是母公司（parent company）對各種同類品牌的分配整合，垂直整合指的是母公司收購或控制數間價值鏈中的小公司；後者有時會以生產許可證的形式發生，在這類情況下，設計師把特定設計及樣式的智慧財產權轉讓給生產商，讓生產商自行做出原型並負責生產，有些領有許可證的生產商甚至會一併處理經銷事宜。這種情況可說是從生產商出發的垂直整合之例。

獨立設計師的競爭優勢薄弱（參考第七堂：獨立品牌成功存活的基本要素），從服裝銷售而來的營收不一定足夠，特別是對小型或新興設計師來說，必得尋求其他的收入來源，包括與其他時尚公司簽訂設計合約、教學工作、以及與藝術家合作。其中，藝術專案往往相形之下更為重要，因為考慮到這類專案的合作潛力，或可產生額外的象徵價值與聲譽，對於品牌的傳播與推廣極為必要。正因如此，獨立設計師鮮少利用傳統的促銷工具，例如傳統廣告或廣告牌的宣傳活動，反而以獲取媒體關注的方式去加強品牌的象徵價值與聲譽。可說獨立設計師及其作品的聲譽，是由媒體的關注與好評所塑造出來的，因此品牌在時尚週的表現，就成為一項宣傳活動的起點。除了品牌集合店的買家之外，新聞媒體界的成員也會被邀請去參觀時裝秀及展售間的表演；許多情況下，公關公司的人會同時參與進來，藉由服裝出借、特別活動、合作以及其他受注目的相關報導，以確保品牌可獲取媒體持續的關注。

因此，這整個過程的焦點就在於獨立設計師的創意才華與審美眼光，而這個區隔中的價值網絡，全由設計師個人或設計團隊投入的創意所貢獻，價值鏈總監的角色，則通常由環繞著設計師的微型或中小型企業所擔任。

2.打造高級夢想的奢侈品時尚企業

時尚市場的奢侈品區隔所針對的是消費市場頂端的客群,長久以來由時尚品牌主導,大致上根據前述價值網絡的過時版本在操作。但近幾十年來,奢侈品市場轉而漸由跨國奢侈品集團取得主導地位,包括路易・威登集團(LVMH)、開雲集團(Kering)[5]、曆峯集團(Richemont)、普拉達集團(Prada)、以及普伊格集團(Puig)。這些企業集團逐漸併購許多舊的時尚及奢侈品公司,改變了它們背後整個過程中的商業模式。

服裝系列特色:珍稀的手工訂製服

以簡化的詞語來描述,我們或可說奢侈品時尚企業圍繞著一個高級訂製的「夢想世界」,而這個世界是為了銷售授權商品而打造出來的。這類企業的品牌,大多涵蓋相當廣泛的產品種類,其中又屬那些手工打造的高級訂製時裝[6] 最為珍稀、最難取得。此外,還有成衣[7] 的商品系列,比之前提到的奢侈訂製品普及得多。而對於許多奢侈品牌來說,香水、化妝品、眼鏡或太陽眼鏡、以及其他衍生出來的授權商品,可帶來最大的利潤。十年前,許多奢侈品牌還會另外多開一系列的基本配件或牛仔褲的產品線,藉以打入更廣泛的消費客群。然而為了確保品牌的專屬獨特性,這項策略已逐漸被棄而不用,反倒是高級訂製品的價位有漸趨昂貴的傾向。高級訂製的夢想世界是為了消費市場中一個小眾市場而實現,實際上在奢侈品牌的行銷方面,這些伸展台的走秀作品必須以基本款、配件及化妝品等系列產品去吸引一群更廣的消費者。簡言之,品牌的形象由產品系列中的一小部分高級訂製品或成衣產品的伸展台系列作品所塑造,絕大部分的收益則來自衍生性的商品,例如作品的基本款、配件、化妝品。

大部分的時尚公司會配合時尚週的時間,每年推出兩次高級訂製品及成衣作品。而在這兩次新作之間,還會定期推出早秋及早春作品、度假系列以及其他產品。一方面來說,這些作品的價值是由品牌識別以及「傳承價值」而決定,品牌識別由可茲識別的特徵以及代表性的元件所組成,也就是使該品牌聞名的元素,強烈呈現於高級訂製的伸展台作品以及成衣物件上。另一方面,現任首席設計師的藝術才華會對上述作品帶來影響,因此跨國奢侈品牌往往會聘請知名的設計師來擔任它們的藝術總監。最後,趨勢在這個區隔中也會產生相當的影響力。

---

[5] 2013 年三月前原名巴黎春天集團「PPR」,其後更名為開雲集團。

[6] 「高級訂製時裝」(haute couture)這個詞是受法國法律以及巴黎高級時裝公會(Chambre Syndicale de la Couture Parisienne)所保護,出於這樣的理由,「女裝」(couture)這個詞,往往被用於識別以類似高級訂製時裝方式出現的時裝系列,但尚未得到高級時裝公會的認可。高級時裝公會對於訂製女裝公司所訂定的規則如下:公司發表的每一個系列至少要有三十五套服裝,包括時裝與晚宴禮服;一年要推出兩個系列,一次在春夏(一月),另一次在秋冬(八月),一系列當中還必須包括為私人顧客量身訂作的設計(一件以上)。同時,公司必須有一間位在巴黎的工作室,雇用至少十五位全職的員工(Sterlacci & Arbuckle 2009)。

[7] 與這樣的客製化服務相比,「成衣」(ready-to-wear 及 prêt-à-porter)這個詞指的是為了在百貨公司、網路上或是其他零售管道銷售而設計的服裝。其他常用的詞還包括了「現成的服裝」(off-the-rack 及 off-the-peg)(Sterlacci & Arbuckle 2009)。多年來,這些詞語的意義已經顯著地窄化了,因此像是「成衣」(ready-to-wear)這個詞,主要指的是價格較高的市場區隔。

服裝系列的品質與美學是這個頂級區隔所採取的競爭標準。對高級訂製品來說，材料的品質、客製化服務以及手工[8]，是整體生產成本中一筆相當龐大的費用。成衣系列及基本款等產品的生產成本則相對低廉，因為產品本身的複雜度不高，勞力密集程度也較低；不過雖然成本較低，品牌仍會以其他的方式塑造頂級獨特性。舉例來說，國際奢侈品牌往往會為它們的產品塑造一種虛假的珍稀性，使得潛在市場需求超過實際的生產量。客觀珍稀性限量生產（limited production）及主觀珍稀性，對奢侈商品來說是不可或缺的條件。所有這些特點加起來，就是要確保奢侈品，顧名思義成為一項昂貴的商品。因此，儘管近年來在國際上已採取了許多相關措施，這些品牌的代表性作品往往還是會變成仿冒的犧牲品。

價值網絡：創造頂級獨特性

奢侈時尚企業的價值網絡以頂級獨特性為中心，它們往往會雇用一位知名的設計師來設計作品的基本理念，然後由設計師與其設計團隊（通常保持匿名）共同闡述這些理念。在這個時尚區隔中，對於趨勢機構的預測以及來自詳細銷售數字的資訊會特別加以考量；甚至從設計階段開始，就深受公司的行銷及營銷服務的影響。

前製及生產作業會由專屬或外部的工作室執行，在許多情況下，高級訂製品仍由專屬工作室負責生產，如同《巴黎高級時裝公會》；成衣系列中屬於技術較為複雜的作品，也通常會在當地生產，但這些工匠的工作室所生產的，僅是整個產品系列中的一小部分而已，一系列的生產作業通常會外包到東歐或亞洲的低工資國家。

奢侈商品的經銷，取決於該品牌所預期達到的可取得性。高級訂製品僅能從總部訂購，但精心挑選或獨家的經銷管道，即便對於較沒那麼難以取得的奢侈商品來說，仍舊極為重要。公司會特別把銷售火力放在它坐落於全球各大城市黃金地段的旗艦店，在這些店裡，作品會被完整地展示出來，奢華的氛圍恰如其分地加以烘托，充分契合品牌的識別（參考第二堂：新型態的時尚專賣店：旗艦店和快閃店）。此外，部分作品也會在一批精選的全球性品牌集合店及百貨商店中販售。對奢侈品企業來說，中國及其他的金磚國家（BRICS）是屬於成長中的市場；事實上對許多奢侈

8 大部分由專屬工作室「proprietary studio」或歐洲工作室執行。

品牌而言，亞洲市場甚至比歐洲市場來得更重要。與獨立設計師的情況如出一轍，時裝秀對於奢侈品時尚企業的企業對企業銷售流程，也有著關鍵性的影響，因為時裝秀所贏得的媒體關注，對於品牌所建構的奢華夢幻世界，也有著推波助瀾的效果。

較易取得授權的奢侈商品經銷配送的範圍較廣，消費客群也較為廣大。最後要提到的一點是，這些時尚企業對品牌集合店有著相當強勁的談判實力，對品牌集合店來說，代表著潛在的主要銷售來源。除了掌控眾多品牌外，它們也擁有並經營越來越多的多品牌零售通路（multi-brand retail channel）。

價值鏈總監：合併多家公司的時尚企業集團

在這個時尚區隔的價值鏈總監，就是時尚企業集團本身，以及隸屬於它的時尚品牌。這樣的企業集團所包含的合併公司，往往涉及一直保持著獨立經營的時尚公司，在它們所有的股份或是部分的股份為集團所收購之前，已達到相當的成熟度。1990年代時，許多企業關注的收購對象是歷史悠久、某種程度上來說已經呈現停滯狀態的奢侈品牌。近年來，企業展現高度興趣的反而是仍然相當活躍的獨立設計師；它們明顯偏愛已小有名氣的設計師，而非才剛起步的年輕設計師。這些企業由母公司或控股公司掌控，股份由投資公司持有（許多情況下，投資公司亦隸屬於同一集團）。其中有些控股公司是上市公司。

這些企業會發生垂直整合及水平整合，有時候甚至是斜線的整合。水平整合的企業擁有類似活動的品牌組合，垂直整合的公司合併同一條價值鏈上的多家公司。舉例來說，有些企業除了時尚品牌之外，也收購有生產力的工作室及百貨公司。相較於業界中的小玩家來說，藉著對於設計、生產通路以及經銷網絡中關鍵角色的掌控，企業集團可以變得極為強大。在這種情況下，斜線整合（diagonal integration）指的是收購相關產業價值鏈中的數家公司。舉例來說，時尚企業除了本身的服裝品牌，可能還擁有歷史武器、遊艇、旅館、香檳或其他品項的品牌。

除了不同的整合策略，授權策略在這個區隔中也很常見。舉例來說，公司賣出授權以建立同一品牌之下的其他產品類別；想想看在 Chanel 品牌下銷售的口紅及太陽眼鏡。另一種授權策略則牽涉到交易授權，以便

在特定的品牌下開設專賣店。這類結合了巨大財務實力及全球影響力的高度整合，不但賦予這些位於價值鏈中的企業極度強大的力量，也帶給他們極為有利的競爭優勢。

奢侈品時尚的產業溝通及促銷策略，會根據產品類別而有所不同。難以取得的奢侈品，必須塑造出夢幻世界以擄獲媒體目光，藉以同時銷售可取得的奢侈品。廣告宣傳活動是為了這些可取得的奢侈品而打造，龐大的廣告預算在贏得媒體關注上也發揮了影響力。某些情況下，記者會被他們的行銷部門施壓而必須報導，其他情況下，時尚品牌可能會跟媒體進行某些非正式的易貨交易。時尚品牌對部落客的影響更是顯而易見，儘管有些部落客為了維護自己的可信度，堅守著評論自由，但多數擁有數十萬追隨者及每個月上百萬點擊率的知名部落客，仍可與時尚品牌達成相當有利可圖的交易。最後，為了傳播溝通及促銷，有必要建立一致的品牌形象以涵蓋所有不同的產品類別，正如我們對私營媒體及社群媒體通路的觀察所得（參考第三堂：時尚產業的網路傳播大挑戰）；而這樣的品牌形象，可能會以品牌的歷史或傳承價值為重點。結合了一致的形象以及眾多的傳播管道，將會為品牌帶來更高的能見度。

我們可以說，奢侈品時尚企業有效鋪陳出一個高級訂製品的夢幻世界，目的是為了銷售授權商品。這個區隔的價值網絡圍繞著頂級獨特性轉，在這樣的情境脈絡下，價值鏈總監是一個擁有多家合併公司、實力強大的企業集團。

3.替中產階級量身訂做的中階品牌

服裝系列特色：風格多元且多變

中階市場區隔中的品牌，以中產階級內明確定義的客群為傳達時尚的目標對象。為了盡可能取悅這個目標對象群，服裝系列往往以品牌的個性、識別特色為主，從極富創意到成熟保守皆有，同時考慮到經過銷售數據及趨勢分析的預測與推估。在這個時尚區隔中，每季實驗不同服裝系列的做法較為常見，雖然這些實驗的理念仍多從服裝系列背後的核心理念衍生而來；這些服裝系列的產量普遍高於前面討論過的區隔，但技術上的複雜度則較低，產量及複雜度這兩方面都會對產品的價格造成影響。

價值網絡：為消費者創造最大附加價值

因此，這個區隔中的公司致力於為客戶創造最大的附加價值，這項理念甚至延伸至它的價值網絡中。一群匿名的設計師團隊（有時輔以自由工作者的協助）共同進行設計時，已然將顧客的描繪剖析資料納入考量。數個品牌的設計團隊會與他們的營銷及行銷部門就作品進行協調，分析專賣店的銷售數據，也與重要客戶進行討論，還得跟緊趨勢潮流。這些部門有助於決定哪種類型的服裝系列將被設計出來，以及它們將以什麼方式進入市場銷售。在一開始進行設計時，品牌就得將這些事項納入考量，像是這些產品要經由哪些管道來經銷配送、打算打入哪些小眾市場、以何種價位進行銷售、在促銷推廣活動中主打什麼樣的品牌形象。

在前製階段從設計到製作原型，設計團隊會給予製造商關於作品特性的各項指示[9]，包括樣式、布料、針腳的類型及位置、接縫的型式、以及拉鍊的位置，製造商就根據這些指示作出原型及銷售樣衣。接著，品牌所隸屬的這間頭尾型公司會把整個生產作業外包給幾家製造商，幾乎都在像是東歐、地中海或東亞地區的低工資國家。這個區隔中有些公司已開發出生產公司，因此有些前製，例如系列開發和修整作業仍然是在公司內部進行。

經銷配送的部分，則經由專賣店和品牌集合店的網絡來執行。這些以品牌名稱為號召的精品專賣店（proprietary boutique），有時也被稱為試點店

---

[9] 往往藉由技術設計工作表（technical design sheet）的協助。

（pilot store）或旗艦店，通常會設在較大的城市裡。這些店會淋漓盡致地展現品牌的整體印象，可說是品牌重要的行銷工具，而非只是一個銷售點。零售通路方面的努力則集中於品牌集合店，獨立精品店在有些地區的鄉村地帶仍然相當普及，比利時即為一例；然而在其他國家，面對來勢洶洶的品牌集合連鎖店或專賣連鎖店，這類獨立零售商逐漸棄守。有些品牌也會在百貨公司的一角設立銷售點，在這樣的安排下，百貨公司會撥出一塊界定好的區域給該品牌，也會挑選它們想賣的物件，但品牌可以有更多機會調整銷售區域，使其符合自己的形象。品牌也會利用其他不同的企業對企業通路，去銷售它的物件給企業對企業顧客，其中最重要的通路，就是全國性以及國際性的時尚商展。考慮到這類的商展多如牛毛，選擇適合自身形象並且性質可與其互相呼應的商展，對品牌來說十分重要。除了自己的業務代表或是同時代表多個品牌的代理商，品牌還可利用自己常設的展售間或是自組的時裝秀。在這個區隔中，只有極少數的品牌會借助於時尚週舉辦的時裝秀。

這些品牌的電子零售策略遵循著虛實整合商務（click-and-mortar commerce）的邏輯，每個品牌都有自己的網路商店，大部分的品牌也會提供物件給「品牌集合電子商店」（multi-brand e-shop），然而，精心挑選彙整型網站顯然在這個區隔中較沒那麼重要，在許多情況下，一個品牌涉足網路銷售的可能性亦取決於目標對象群對於網路服飾銷售的熟悉度，以及實體銷售點的分布。以年長婦女、國內市場、個人精品店經銷網絡為主要訴求的品牌，較不願涉足網路銷售的領域。

價值鏈總監：當地市場落地生根的中小企業

中階市場區隔的價值鏈總監通常是一家時尚公司，旗下擁有一個或者為數不多的時尚品牌。雖然這個區隔中也有幾家走向國際市場的上市公司，大部分公司仍是以本地市場為主的中小型企業，屹立了至少十年之久，顯示某種程度的穩健韌性。公司的創始人通常是公司經營者或家族企業家，在這一行已有豐富經驗。公司往往成長緩慢，只有在本地市場上站穩了腳步之後才會考慮國際化（參考第四堂：時尚產業推向國際的實戰策略）。如前所述，水平整合很常見，而某些公司的垂直整合是發生在數十年之前；因為過去它們主要是以製造商起家，後來才重新定位，致力於品牌的經營。

數量眾多的品牌以及零售連鎖通路並存於同一市場中的壓力,使得這個區隔的競爭相當激烈,所以在品牌上,消費者有許多較不昂貴的替代方案。也因此在這個區隔,行銷管理備受重視,公司在各方面大張旗鼓,就是為了將品牌改造為目標群心目中的「愛牌」。與獨立設計師相比,這些品牌更加充分運用促銷及傳播工具以觸及它們的目標群;此外,獲取媒體關注對它們來說也很重要,還有廣告、海報、置入式行銷(product placement)以及一致性的形象[10],構成了主要的宣傳促銷工具。最後,這個區隔的品牌也必須投注於顧客關係的經營上,包括企業對企業顧客以及經由專賣店網絡認識該品牌的最終消費者(end-consumer)。

中階市場區隔可以總結為,對一群明確定義的中產階級目標對象所訴求之時尚。價值網絡的重點在於為最終消費者爭取附加價值,價值鏈總監通常是中小企業,為真正的時尚企業家所擁有,而且往往已在本地市場落地生根。

4.最有價格競爭力的零售連鎖通路

服裝系列特色:不斷推出新商品

零售連鎖通路的口號是「以極具競爭力的價格帶給普羅大眾時尚」,這些公司根據市場拉引策略(market-pull strategy)來推理,作品會根據市場需求的預測推估而進行調整。趨勢預測、市場研究、以及舊商品的銷售數據,決定了新商品的外觀及組成元素。為了盡可能接觸多種不同類型的消費者,這些連鎖通路會在同一個屋簷下經營各式各樣的專賣品牌,每一季的新庫存也都會被放在店裡,盡可能刺激更多的消費者購買;這些新庫存從當季或過季的熱銷商品,到全新、個別的膠囊系列核心作品所衍生出來的商品都有。業界平均的商品汰舊換新時間大約是六週,有些零售連鎖品牌宛如速度的惡魔,每兩週就把店裡的商品翻新一次,可見商品加速上市在這個快速時尚(fast-fashion)的產業中,發揮了關鍵性的影響力。零售連鎖通路也盡可能保持成本價格低廉,這不僅反映在產品所使用的材料及設計的簡單性上,更對價值網路的核心理念造成影響。

10 藉由品牌本身的店面以及百貨公司特定銷售區的視覺化呈現。

價值網絡：降低售價、加速商品翻新速度

在這個區隔，唯有廣泛接觸龐大的消費客群才有利可圖。為了盡可能避免犯下「時尚錯誤」，匿名的設計團隊往往與營銷團隊密切磋商，一起決定針對哪些目標市場、子市場區隔以及銷售點，設計出哪種類型的系列商品；營銷團隊根據趨勢、市場研究、銷售數據等資料，提供關於作品的回饋。甚至還在發展原型的階段，營銷團隊就開始估計哪些銷售據點會賣出多少商品[11]，行銷策略環繞著作品的子系列（sub-collection）構思，或以白牌（white product）——沒有標籤的服裝，完全由製造商設計，並提供給多個零售連鎖通路或其他通路，例如市場小販和超市來做增補。

如前所述，價值網絡的擴展是以降低成本、價格以及速度為中心，前製流程是由公司自行作業或是由製造商執行，根據的不是模糊的草圖、廣泛的描述以及複雜的樣式，而是技術設計工作表。生產完全外包到低工資國家，確實的地點則視供應商能保證的上市速度而定。以基本款的物件來說，通常交貨時間四到六個月就已足夠，使得在亞洲，例如孟加拉、中國、印度、柬埔寨生產及船運成為可行的方案。但對於交貨時間較短，約四到八週的產品線來說，歐洲連鎖通路往往偏好土耳其、突尼西亞、摩洛哥、波蘭、羅馬尼亞、保加利亞、烏克蘭等國家。有些連鎖通路例如 Inditex 集團，選擇讓生產回歸母公司的國家，以期能夠更迅速地回應客戶的需求。為了供給庫存所需的產量，一個服裝連鎖通路通常得調用 60～150 個供應商，其中包括大約 40 個有長期合作關係的核心生產商。

雖然並非只有這個區隔如此，但零售連鎖通路的確常因它們位於低工資國家生產商的工作環境而飽受抨擊，包括過低的最低薪資、過長的工作時間、雇用童工、使用有害材料、以及不安全的工作條件。因此，獨立機構的監督以及品質證明的重要性日增，業界也藉由全球法規的施行，試圖自我規範（參考第三堂：時尚產業的網路傳播大挑戰），然而，全面的國際化以及供應鏈的複雜性，使得監督工作的進行困難重重。

對於典型的零售連鎖通路來說，企業對企業的銷售並不怎麼活絡，因為公司僅在自己的門市及網路商店所組成的銷售網絡中，販售自己的商品。有些零售連鎖通路結合本身的門市網絡與企業對企業銷售，形成品

[11] 最小存貨單位（quantity per stock-keeping unit, SKU）

牌集合店，例如 Bestseller 集團旗下的品牌。經由品牌集合零售店打入零售市場的品牌，往往也藉由多品牌的網站進行經銷，例如 asos.com 或 zalando.com。而零售連鎖通路則藉由省去中間那一層的代理商、銷售代表、商展、以及批發商，能夠更快速、更經濟地進行操作。另一方面來說，公司的物流支線也更複雜完整，不但有自己的經銷中心及運輸網絡，還有一套涵蓋範圍廣泛的自動化庫存系統。

在門市網絡之中，所有的銷售單位都有著可辨識的風格以及統一的門市概念。為了盡可能觸及最多的購買者，公司也傾向於採取下列兩種房地產策略之一。有些連鎖通路會選擇購物中心和中心地帶的主要購物區，這些街區的房地產價格當然高昂，但是仍然搶手，因為大批人潮及休閒購物者往往蜂擁而至。把自己定位為折扣商店或是以家庭採購為目標的其他連鎖通路，則傾向於選擇在城鎮外圍、城外的商業區設置零售商店區，故對這類的零售店來說，是否可輕鬆開車前往、是否有足夠的停車位就相形重要。以每平方米的房地產價格來看，城外商業區相當於城內中心地區黃金地段的十分之一，因此多數情況下，這類的連鎖通路可以設置大型建築作為充裕的展售空間。不論是採取哪一種房地產策略，某種程度上，銷售及擴展策略也會隨著房地產市場上的供需情況及售價而受到影響。

價值鏈總監：以經銷商為中心的大型公司

價值鏈管理始於已取得核心創意連結的經銷商（distributor）。因為價值鏈總監擁有大量的門市商店以及自己的經銷網絡，許多中小型企業的連鎖通路，因而被價值鏈總監這類擁有數百名員工的大型公司或企業集團逐出市場。公司的創辦人是真正的時尚創業家或家族企業，掌控著絕大部分的股份，因此他的資金以及這間公司或大型企業的利潤，也會用於資助業務的擴展。在國際層級上的水平整合也越來越常見，如我們在前面提及的 Bestsellers 集團，擁有 Only、Vero Moda、Selected 等品牌，其他實例還包括了 Inditex 集團，擁有 Zara、Massimo Dutti、Bershka 等品牌，以及 H&M 集團。這類公司的規模、業務結構和資本結構讓它們能夠在市場上積極競爭。來自銷售點的垂直整合情況在這個區隔中也時有所見，進而加強對整個價值網絡的掌控、降低成本、並提升商品上市的速度。這個時尚區隔產品價格低廉，特點是有利於連鎖通路、不利於獨立零售商的強大市場集中度。授權在這個區隔中較不常見，只有流行人物

的肖像權（image right）是例外。這些公司的策略管理中，有一個重點是關於產品的快速上市對組織及業務操作的影響；舉例來說，許多連鎖通路採取相對扁平的決策架構，部門間也會進行頻繁的協商，例如設計師、採購員、零售商、行銷及營銷部門，以便盡可能密切關注顧客的需求。

傳播溝通及宣傳促銷策略牽涉到多如牛毛的措施及管道，包括所有媒體中的廣告、海報宣傳、直接郵寄廣告、以及贏得媒體關注的促銷活動。有趣的一點是，雖然在零售連鎖店中的各式副品牌（sub-brand）通常都擁有自己的品牌形象，傳播溝通及宣傳促銷卻傾向於以該連鎖店本身的品牌名稱為主，定期重複購買及顧客忠誠度往往會透過顧客會員卡及直接郵寄廣告所提供的個人折扣予以加強。然而在這個區隔中，獲取專門媒體及部落客的正面評價，相形之下並沒有那麼重要，這些品牌往往有公關公司參與其中，協助它們的作品在時尚報導中曝光，並且獲取媒體對特別合作成果或膠囊系列作品的關注。此外，有些連鎖通路會談妥媒體交易，例如電視節目的置入性行銷或是找名人來代言。

因此，零售連鎖通路以極具競爭力的價格帶給普羅大眾時尚，設計上高度市場導向，靈感則來自潮流趨勢和銷售數字，價值網絡以降低成本、價格以及速度為中心。有鑑於這些零售連鎖通路的組織架構，它們往往是大型企業或是由多家合併公司組成的集團。

4大品牌市場定位區隔重點彙整

時尚產業的四個基本區隔總結如下：

	獨立設計師品牌	奢侈品牌時尚企業	中階品牌	零售連鎖通路
產品	著重於設計師的創意才華，由設計師推動的產品。	塑造高級訂製的「夢想世界」以銷售授權商品。	為中產階級中明確定義的客群而創造的時尚。	以極具競爭力的價格帶給普羅大眾的時尚，由市場拉引的產品。
價值網絡	價值網絡致力於投入創意心血。	價值網絡致力於塑造頂級獨特性。	價值網絡致力於為顧客創造附加價值。	價值網絡致力於降低成本、價格，並提升商品上市速度。
價值鏈總監	環繞著設計師的微型或中小型企業。	由數間合併公司所組成的強大企業集團。	由時尚創業家所擁有的中小型企業。	以經銷商為中心所發展的大型公司或由數間合併公司組成的企業集團。

圖 6 ｜ 時尚產業概況

以上對於四種市場區隔的說明，不應被解讀為固定不變的規則，而應視為一個特定區隔中首要的思維及邏輯。再者，有些市場參與者有時會打破它們所屬區隔的首要邏輯，進而獲取它們的戰略優勢或獨特銷售主張（Unique Selling Propositions, USP）。

因此，我們區分出以下三大創新策略：

- 第一類市場定位由區隔轉換者（segment switcher）組成，這些品牌在它們的歷程中，從一個市場定位轉換到另一個市場定位。舉例來說，瑞典品牌 Acne 的首創佳績是為中階市場區隔而推出的牛仔褲系列，然而因為它兼具前衛（avant-garde）及創意形象，逐漸獲得獨立設計師及奢侈品牌族群的青睞；如今，這個品牌在倫敦及巴黎時尚週展示它的系列作品，並且嚴格挑選作品的銷售據點。

- 第二類是市場定位區隔延伸者（segment stretcher），指公司一方面藉由移動至其他市場定位而擴展業務，一方面仍努力保持在原來市場定位已取得的地位。這項區隔延伸策略常為時尚企業所執行。以往，許多奢侈品牌，例如 Armani 或 Versace 在它們於時尚週展示的高級訂製服裝及成衣系列之外，也嘗試為中階

市場設計牛仔褲系列作品及最基本款的服裝，藉此提高銷售量。然而有些奢侈品牌公司最近已撤消這項策略，因為考慮到這樣的做法會損害到創意核心作品的象徵價值；但在企業層面，投資組合則根據區隔延伸策略繼續進行區別分化。2002年，OTB[12] 買下獨立設計師馬丁・馬吉拉（Martin Margiela）背後的公司（NEUF SARL）股份。OTB 也掌控了 Staff International，一間屬奢侈品市場定位的生產公司，有生產 Vivienne Westwood、Marc Jacobs Men、Just Cavalli 等品牌。

… 最後一類是市場定位結合者（segment combiner），指公司結合一個市場的區隔標準（價格／產品）與另一個市場定位對價值網絡或管理的詮釋，或者結合兩種市場的區隔標準。舉例來說，許多獨立品牌集合店藉由結合兩種市場的品牌，試圖在自己所屬地區中脫穎而出；在這種情況下，投資組合可以中階市場區隔的品牌為主，而以零售連鎖通路的品牌為輔。透過它們控股母公司 H&M 的價值鏈，結合了零售連鎖通路的生產及經銷邏輯，與類似中階市場區隔的創意及品質水準，COS 及 &Other Storie 品牌成功地建立起它們的獨特銷售主張。

時尚觀點總結：
靈活變換市場定位，發展銷售優勢

並沒有所謂的單一「時尚產業」，而是有四個主要的市場區隔──獨立設計師、奢侈品牌時尚企業、中階品牌、零售連鎖通路，每個市場定位都呈現出自己的動態特性。它們的作品及價值鏈都以不同的方式來安排配置，價值鏈總監必須處理不同的問題以執行它們的一般性、策略性、財務及行銷管理。但是這四個市場定位不應過於嚴格地定義，因為一間公司可以突破各個市場定位的主要邏輯，藉由市場定位之間的延伸、結合或轉換，進而達成創新的目的，也可以利用這些策略來發展它自己在時尚界中的獨特銷售優勢。

---

12 OTB（Only The Brave）從中階市場 Diesel 品牌成長起來的企業。

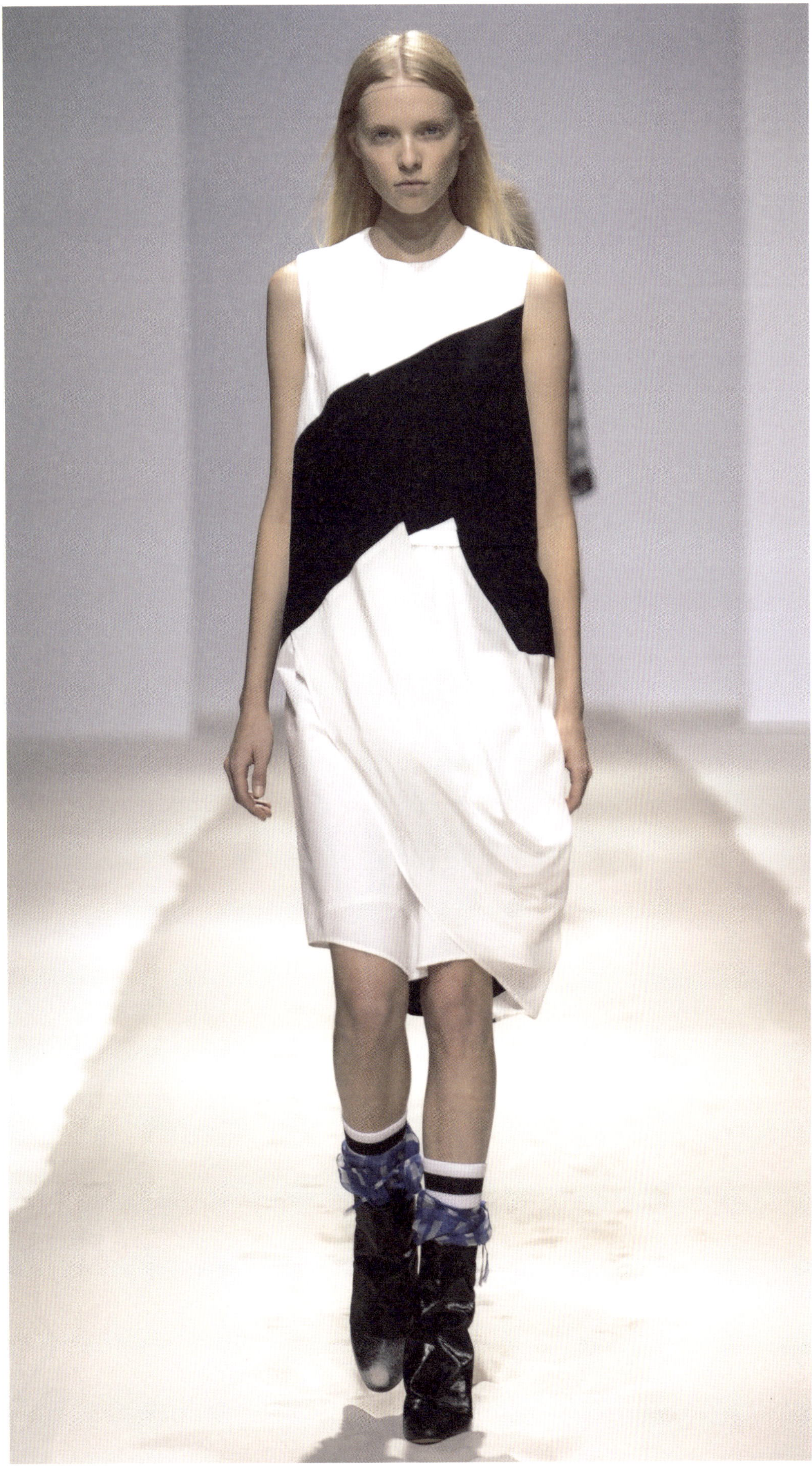

case #1 Christian Wijnants
克里斯汀・萬諾斯

採訪／楚依・莫爾克

" 學生時期，我從未把時尚視為是一種藝術；
即使在當時，我只是想
做出可實際穿在身上的作品。"

時尚大獎常勝軍 ── 克里斯汀・萬諾斯

絕對是一位值得關注的設計師，這點在 2013 年 2 月，安特衛普出身的克里斯汀・萬諾斯於倫敦榮獲久負盛名的國際羊毛標誌大獎（International Woolmark Prize）之後越發明朗。聰慧、有才華又謙虛的萬諾斯，在 2000 年以安特衛普皇家藝術學院時尚學系的畢業作品，贏得他人生中的第一座獎項，由比利時時尚界的中流砥柱德賴斯・范・諾頓頒獎。其後，他陸續贏得海耶爾時尚藝術節（Festival of Hyères）以及許多其他獎項，包括瑞士紡織大獎（Swiss Textile Award）及亞當時尚大獎（Andam Awards）。2003 年，萬諾斯設立了自己的品牌 Ben Nv；2013 年，比利時船業巨擘西格朗（Cigrang）家族所擁有的控股公司 CLdN Finance，收購了 Ben Nv 50% 的股份。

身為安特衛普知名時尚學校的校友，你怎麼看待自己當學生的那段日子？

在安特衛普皇家藝術學院時，就像住在一座充滿了創作自由的島上，你創作出來的系列可穿性與經濟層面的現實考量，距離還相當遙遠。那樣的自由給予你獨一無二的機會去實驗、找出你自己的表達方式，而每個學生都有他們自己的方式。我當學生時，就從未把時尚視為是一種藝術；即使在當時，我也只想做出可穿戴在身上的作品。那時我還接了一些特約的設計案子，不過學校並不太贊成這種做法，因為他們會希望你專心於學業上。時尚學系的目標很明確：創新與實驗為學生的首要之務，雖然他們也有邀請客座演講者來演講、安排前往展售間參觀等活動。但歸根究柢，這個行業中有太多事情是學校沒辦法教你的，理論與現實間的落差實在難以彌補，訣竅就是設法去累積你的經驗。

case #1　Christian Wijnants

> "得獎會急遽提升你的能見度，
> 對於吸引新客戶來說極為重要。"

你在畢業之後很快就建立自己的品牌，是如何處理商業面的問題？

剛開始我並沒有意圖或是企圖心去建立自己的品牌，但在我畢業之後的那一年，我贏得海耶爾時尚暨攝影藝術節的獎項，媒體給予我大量的報導與曝光，於是潛在客戶開始來找我，想買我的作品。他們都是很棒的客戶，像是英國的哈維．尼克斯（Harvey Nichols）百貨公司、日本的高島屋（Takashiyama）百貨公司等。但是我覺得自己還沒準備好，就把這個念頭擺到一邊，先去擔任德賴斯．范．諾頓的助理，在那間超棒的「學校」中獲益良多。

但是有些客戶鍥而不捨地來找我，我也明白我不能等太久，所以在 2003 年，開始運作自己的品牌。那是在銀行危機發生之前，你還可以跟銀行交涉、為你的生產作業籌措資金。銀行不會想要投資你的作品、你的時裝秀或是攝影作品集，除非你能證明你有訂單，他們才會同意提供一筆短期的小額貸款。我以這個方式運作了好幾年，之後，當我們想要擴展時，就去找了「法蘭德斯文化投資基金」——法蘭德斯為創意產業而設置的投資基金。

此外，從我開始自己的職業生涯起，就一直為不同的專案工作至今；我接下許多的諮詢工作，為 Malo、Natan 以及 G.R.I. 做設計，也在皇家藝術學院擔任了數年的講師。這些副業讓我能為自己的作品或時裝秀籌措資金。

2013 年 10 月的消息宣布，安特衛普船業公司家族繼承人克里斯汀．西格朗（Christian Cigrang）成為你公司的投資者，這件事是怎麼促成的？

其實這件事很自然就發生了。我跟西格朗剛認識，馬上就覺得想法相通，西格朗相信我們所做的事，分享我們對公司的願景，我認為他是一位企業家，而且尊重創意人才，不只是時尚人才。如果你問我，這樣的公司架構是否可以給我時間、讓我得以專注於所有的創意事物上，答案是肯定的，在一定程度上的確如此。如果公司成長，我們可以雇用額外的員工，但我仍然必須擔任時尚設計師及企業家的角色，因為這是我的工作。

你已經贏得許多頗富盛名的獎項，可否詳細說明這些獎項對你帶來哪些財務上的影響？

雖然難以衡量或證明這些獎項對我帶來哪些影響，但確實對我有很大的幫助。舉例來說，其中一項國際羊毛標誌大獎，就讓五位頂尖的零售商買下我的服裝系列；同時，獎項會為你帶來極高的能見度，對於吸引新顧客來說相當重要。

如果要給年輕的時尚設計師一句忠告，你會說什麼？

追求你的夢想，即使在艱難時刻也要保持積極主動，以你的熱情奮鬥下去。

"追求夢想，
即使在艱難時刻也要保持積極主動，
以你的熱情奮鬥下去。"

case #1　Christian Wijnants

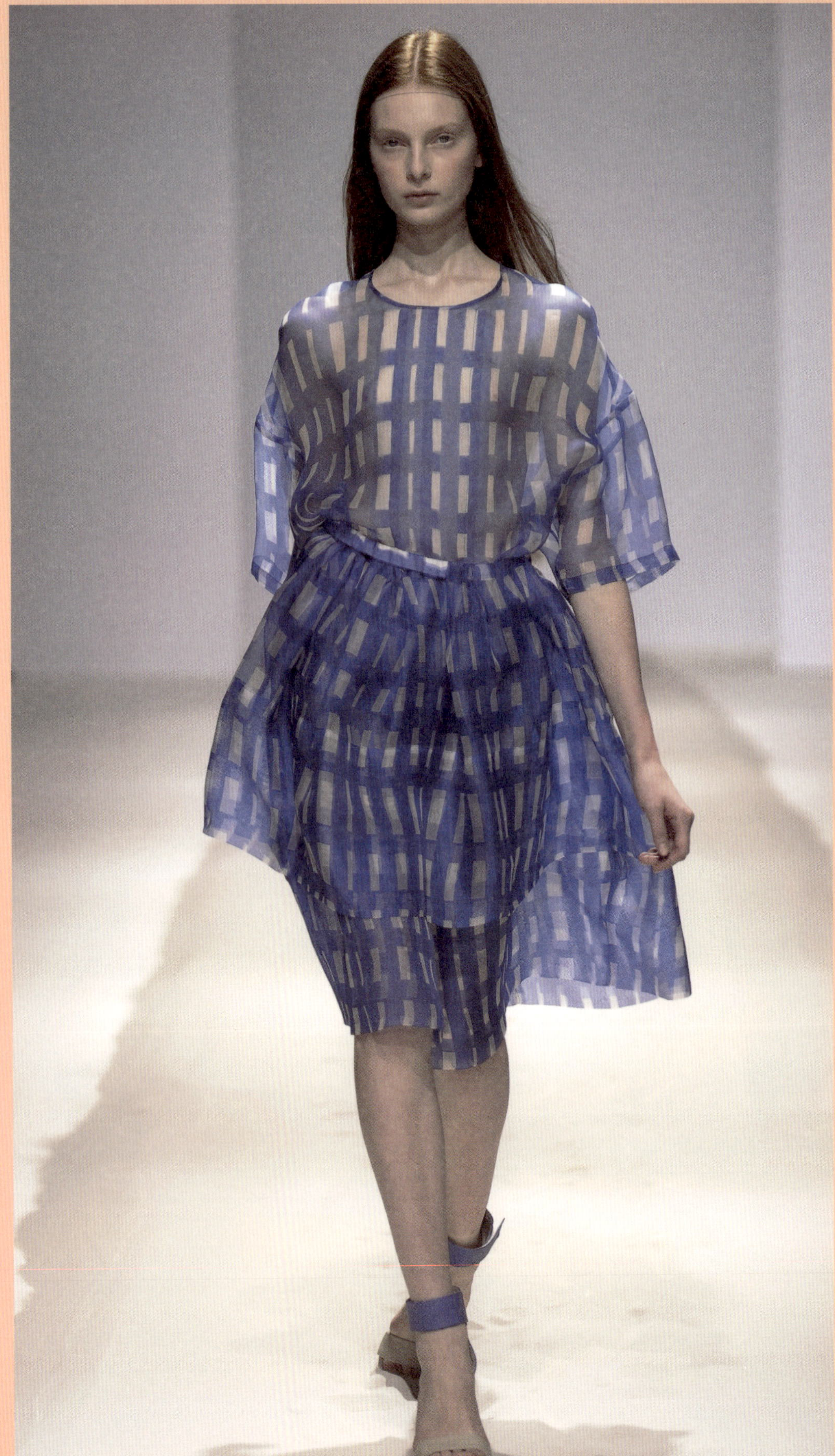

FLAGSHIPS AND POP UPS

第二堂
新型態的時尚專賣店：旗艦店與快閃店

卡琳娜・諾布斯
Karinna Nobbs

時尚零售業銷售管道的轉變

時尚零售業是最生氣蓬勃、國際競爭最激烈的商業之一[1]。為了維持差異化，時尚品牌亟欲尋求新穎、創新的方式，試圖抓住精明消費者的情感、理智和錢包[2]，這點在零售業尤其明顯，因為時尚電子商務的成長，意味著品牌必須給消費者一個到訪實體商店的好理由[3]。而這樣的轉變，也迫使時尚零售業展開改變與創新。

本章所描述的轉變，是在專賣店零售業態方面的演進，而且特別著重於兩種類型的專賣店零售業態：第一種是旗艦店，第二種是快閃店。因此，本章以概述、定義零售業態的概念開始，說明它在時尚品牌中更廣泛的用途，接著討論旗艦店與快閃店的歷史與特性，並分享各種有趣的實例。

1　Moore, C, M. and Doherty, A. M. (2007) The International Flagship Stores of Luxury Fashion Retailers. In: Hines, T. and Bruce, M. Fashion Marketing: Contemporary Issues. 2nd Edition. Oxford: Butterworth-Heinemann. Tungate, M. (2012) Fashion Brands: Branding Style from Armani to Zara. London: Kogan Page.

2　Bhardwaj, V. and Fairhurst, A. (2010) Fast fashion: response to changes in the fashion industry. In: The International Review of Retail, Distribution and Consumer Research, 20(1), 165-173. Dillon, S. (2012) The Fundamentals of Fashion Management. London: AVA Publishing.

3　Sorescu, A. et al. (2011) Innovation in Retail Business Models. In: Journal of Retailing, Vol 1., 3-16. Nobbs, K., Moore, C., and Sheridan, M. (2012) Luxury Fashion Brand Strategy: The Role of the Flagship Store. In: International Review of Retail and Distribution Management, Vol. 40 Iss: 12, 920-934. Mintel (2013) Clothing Report. London: Mintel Retail Intelligence.

零售業態的角色定位

零售業在現代社會中占有重要的經濟地位，然而就零售業態的定義而言，學理上卻未能達成共識。雷諾茲[4]（Reynolds）等人定義零售業態為「零售商業模式的實質具體化，是把公司活動與其商業模式及策略聯繫起來的架構」。這項說明極有幫助，因為它突顯了企業策略與零售店設計的有形元素間的關係；因此，設計的觀念對零售業態的概念而言是一項關鍵。華特斯與懷特（Walters & White）[5] 也同意此說，更強調定位聲明（positioning statement）的成功執行少不了零售設計的適當運用，才能恰如其分地轉化整體品牌策略。

根據布魯斯（Bruce）等人[6] 的主張，零售業態的主要作用是為了傳達零售商貢獻於行銷組合方面的能力，同時也作為商業競爭計畫中的統一要件，譬如，把所有的業務計畫匯聚在一起[7]。零售業態也扮演著定位的角色，我們理解「零售定位」（retail positioning）即為「經由商品選擇、交易型態、顧客服務以及顧客溝通，對消費者所做的一項『協調性聲明』」[8]。交易型態也是成長的一項策略，品牌從而擴展它們所需的產品種類和範圍，藉此區隔零售店環境[9]。再者，為零售店決定採購需求，例如庫存以及生產管理模式，例如採購和補貨時，零售業態也扮演了營運的角色[10]。

零售業態的策略設定可基於許多內部及外部的環境因素，從內部觀點來看，某些成功的型態也的確是從結構化的商業模式中產生。然而，成功型態的具體成形，往往也來自於一種隨機及漸進的過程——基於較多的直覺而非理性分析，圭爾奇尼（Guercini）[10] 描述這是一種「自然的」方式；像是川久保玲（Comme Des Garçons）這樣擁有自己的游擊店（guerrilla）、旗艦店、以及多佛街市場（Dover Street Market）零售店型態的品牌，即為其中一例。但從外部觀點來看，圭爾奇尼[10] 認為消費產品及生活方式的改變，才是造成零售業態從根本上改變的事物；他特別指出，消費行為根本上的兩極化已發生，使得今日的消費者一方面偏好大型、便利的零售業態，一方面也促使特殊零售業態日漸成長。這一點從百貨公司的零售業態實驗來看，像是倫敦的塞爾福里奇（Selfridges）、香港的連卡佛（Lane Crawford）、紐約的巴尼斯（Barneys New York），更是顯而易見。華特斯與漢拉罕[11] 也從外部觀點敘述了確認顧客購物使命，例如決策與行為過程，作為初步決定零售業態及交易環境策略的重要性。

4　Reynolds, J. Howard, E, Cuthbertson, C. Hristov, L (2007) Perspectives on retail format innovation: relating theory and practice. In: International Journal of Retail & Distribution Management; Volume: 35 Issue: 8, 647-660.

5　Walters, D. & White, D. (1987) Retail Marketing Management. London: Palgrave MacMillan.

6　Bruce, M. Moore, C and Birtwistle, G. (2004) International Retail Marketing: A Case Study Approach. London: Butterworth Heinemann.

7　Goldman, A. (2001) The Transfer of Retail Formats into Developing Economies: the example of China. In: Journal of Retailing, 77, 221-241.

8　Harris, D. and Walters, D.W. (1992) Retail Operations Management. London: Prentice Hall.

9　Fernie, J. and Sparks, L. (2004) Logistics and Retail Management. London: 2nd edition, Kogan Page.

10　Guercini, S. (2008) Matching format strategy and sourcing strategy in clothing retail: a conceptual representation. In: International Journal Process Management and Benchmarking, Vol. 2, No. 3, 185-196.

11　Walters, D. & Hanrahan, J. (2000) Retail Strategy: Planning & Control, London: Macmillian.

零售業態的生命有限，因此支持生命週期方式的需求，是基於環境的分析。利維等人 [12] 也曾確認自我監測的重要性——監測品牌零售業態在市場上的「創新」及「退出」階段。在型態創新的方法方面，最後一個挑戰是為達成改變目的的市場主導動機與資金主導之間的創造性張力。舉例來說，新的區域性市場機會，對抗來自股東與投資者的擴展壓力。

雷諾茲等人 [4] 提出了當代英國零售業型態改變的四大特點，大致上包括了：擴展的動力、規模上的波動、特殊型態的崛起、以及「價值」的成長，而非折扣零售。他們也確認出三種特殊零售業態：電子商務、旗艦店、快閃店。後面兩種會在本章中詳細討論，而電子商務會在本書其他章節中討論（參考第三堂：時尚產業的網路傳播大挑戰）。

能大幅提升獲利的電子商務

電子商務已成為全球成長最快的零售業態之一，絕大多數的品牌與去年同期相比都有兩位數的成長；2013 年，電子商務專家像是 ASOS 眼看就要達成十億英鎊的銷售目標了 [13]，查菲（Chaffey）[14] 定義電子商務為「組織與其利益相關者之間所產生的各類電子交易，不論是金融交易、資料交換、或其他服務皆屬之」。電子商務零售業態提供了精實的利潤空間與規模經濟，兩者皆可以單一經營（pure-play）只經營網路銷售，或是全通路（omni-channel）同時經營實體店鋪與網路銷售模式結合運用。倘若以網路銷售的單一經營方式運作，需依賴有效的後勤物流、資訊技術基礎架構、以及強力公關（PR）策略的結合，才能形成一個成功的電子商務模式，品牌有相當的曝光率是絕對必要的，包括在線上搜尋引擎優化（search engine optimization, SEO）的搜尋結果、社群媒體的露出、以及線下在傳統媒體上的曝光。倘若以全通路的方式運作，也是如此，但實體商店的存在會加強品牌的曝光度，進而提升其銷售潛力。目前，中型至大型的時尚品牌投資於整合它們的後台管理系統，目的在便利顧客獲取真正的全通路體驗 [15]；而對於小型的時尚品牌以及新崛起的設計師來說，是否要發展電子商務平台的決定，取決於它的商業模式以及市場定位。電子商務在品牌的呈現上提供了較高的控制度，也藉由直接銷售的方式，提升了獲取更高利潤的可能性。

12 Riewolt, O. (2002) Brand-scaping: Worlds of Experience in Retail Design. Switserland: Birkhauser Verlag AG.

13 Reuters (2013) ASOS Full year profit jumps by 23 per cent. Accessed at http://uk.reuters.com/article/2013/10/23/ukasosresult-sidUK-BRE99M04S20131023 Accessed on 23/10/13.

14 Chaffey, D. (2011) E-Business and E-Commerce Management. London: Financial Times/Prentice Hall.

15 The Guardian (2013) Omni channel retail – joining up the customer experience. Accessed at http://www.theguardian.com/media-network/media-network blog/2013/jul/22/omni-channel-retail consumer-experience Accessed on 01/10/13.

展現品牌價值的旗艦店

各式各樣關於旗艦店的定義如下：

科濟涅茨（Kozinets）等人 [16]	「旗艦店為品牌製造商所擁有，只經營單一品牌，它們的營運意圖與其說是銷售產品，不如說是建立品牌形象。」
米昆達（Mikunda）[17]	「對零售連鎖通路來說，是最重要的一間零售店。」
傑克森（Jackson）[18]	「藉著在聲名遠播的購物區設立實體店面的做法，讓品牌得以重新強行對消費者傳達其形象，同時影響他們在銷售點的消費經驗。」
戴蒙（Diamond）[19]	「在連鎖通路中最重要的一環。」
瓦利（Varley）[20]	「零售連鎖通路的登峰造極之作，通常是位於高客流量、位置優越的大型門市，雖然展售有全系列的商品，但特別著重並凸顯價位較高、品質與時尚感較優的產品線。」
摩爾斯（Mores）[21]	「把行銷策略轉化成全方位的消費經驗，日益成為該公司首要的大眾媒介。」
弗林吉斯（Fringis）[22]	「在連鎖通路組織中最大、最具代表性的零售店。」
諾布斯（Nobbs）等人 [23]	「比一般零售店更大的專賣店零售業態，位於重要區域地段，在最高等級的門市環境中提供深度與廣度兼具且最優的產品種類，同時發揮品牌定位、形象以及價值的展示功能。」

圖 1 ｜ 各類旗艦店型態的定義

由米昆達、戴蒙、瓦利、摩爾斯、弗林吉斯、諾布斯等人提供的定義，都被視為是有效的定義。科濟涅茨所提供的定義則較不適用，理由有三：第一，旗艦店所經營的品牌經常不止一個，Armani 和 Sony 在米蘭共同擁有的旗艦店即為一例 [24]；第二，在奢侈品時尚產業中，品牌製造商通常擁有旗艦店，但並非總是如此，舉例來說，Burberry 在印度即與 Genesis 奢侈品集團共同經營它們的合資企業；最後，科濟涅茨斷言建立品牌形象是旗艦店存在的唯一目的，顯然與新出現的證據──顯示旗艦店逐漸趨向滿足商業目的的事實，與產生收益有所抵觸 [25]。

[16] Kozinets, R.V., Sherry, J., DeBerry Spence, F., Duhachek, A.,Nuttavuthisit, K., Storm, D. (2002) Themed flagship brand stores in the new millenium. In: Journal of Retailing, Vol. 78., 17-29.

[17] Mikunda, C. (2004) Brand Lands, Hot Spots & Cool Spaces.London: Kogan Page.

[18] Jackson, T. (2004) A contemporary analysis of global luxury brands. In: Bruce, M., Moore, C. and Birtwistle, G. (Eds),International Retail Marketing: A Case Study Approach. Oxford:Elsevier Butterworth Heinemann.

[19] Diamond, E. (2005) Fashion Retailing: A Multi-Channel Approach. New Jersey: Prentice Hall.

[20] Varley, R. (2005) Retail Product Management. London:Routledge.

[21] Mores, C,M. (2006) From Fiorucci to the Guerrilla Stores: Shop Displays. In: Architecture, Marketing and Communications. Oxford:Winsor Books.

[22] Frings, G,S. (2008) Fashion: From Concept to Consumer. New Jersey: Prentice Hall.

[23] Nobbs, K., Moore, C., and Sheridan, M. (2012) Luxury Fashion Brand Strategy: The Role of the Flagship Store. In: International Review of Retail and Distribution Management, Vol. 40 Iss: 12, 920-934.

[24] Bingham, N. (2005), The New Boutique. London: Merrell.

[25] Allegra Strategies (2005) Project Flagship: Flagship Stores in the UK. London: Allegra Strategies Limited.

旗艦店的發展過程

圖 2 說明了旗艦店概念的發展過程。這種特殊型態是從時尚的兩個組成部分發展出來的：時裝設計師的私人寓所以及傳統的奢侈精品小店舖。巴黎一直以來即被視為奢侈品真正的起源地，根據歷史，早期深具影響力的法國高級訂製服設計師在經營「時裝店」時，會擁有工作室（車間／工作室）、展售間以及零售精品店，創意總監通常也住在那裡[24]。據摩爾斯[21] 所述，下一步的發展似乎就是 1967 年在米蘭開張的 Fiorucci 門市，它被視為是設計師的「個人包容性時尚願景」，並且催生了概念店業態（concept store format）。構思巧妙的概念店力求引人注目，但規模比旗艦店要來得小[17]。

旗艦店演變的下一步是 1980 年代生活風格店的出現。米昆達[17] 提出，生活風格店在傳達風格意識及自信上所發揮的文化及社會功能被低估了，Ralph Lauren 在這一點上做得非常成功，藉著把零售店設計成宛如邀請消費者到自家作客的方式，建立並培養起馬球運動、高爾夫球課程的經典貴族式生活風格[17][19]。80 年代末期，與生活風格店概念相抗衡的反作用，使得指向性的奢侈品時尚店在設計上走極簡風格，設計門市像極了藝廊[21]。90 年代初期，時尚品牌的產品種類日漸多樣化，需要更大的門市店面以展示多種產品類別。1996 年，Nike 的 Niketown 先是在紐約開幕，然後在倫敦，其後更遍及全球各地，有效地發揮了「旗艦店」的概念；當時，許多人認為那只是一種行銷主張，然而時至今日，幾乎每個時尚品牌的零售店組合中都有一間旗艦店[26]。

米昆達[17] 指出，旗艦店設計的普及性已成為一種前衛的新流行文化，因此，特定的奢侈品時尚品牌 —— 尤以 Prada 和 Louis Vuitton 最引人注目，認為它們必須在旗艦店的策略上更進一步，才能保持品牌的差異點。於是 Prada 創建了三座「焦點」旗艦店，為旗艦店設下了新標準；這些旗艦店顯著的特點並不只是本身的建築物，而是在於創新和實驗，特別是在商業與文化的融合上。舉例來說，紐約的旗艦店中設有可彈性運用的空間，能用來舉辦音樂會及講座，在某種程度上來說，商品反而成了次要的事物[27]。由於所需的投資相當可觀，旗艦店多被發展較成熟的品牌所運用，或是想以它作為市場敲門磚或發展策略的品牌。對獨立設計師而言，旗艦店的推出象徵他的業務已達某種成熟階段，得以取回對於門市環境與行銷組合的控制權；另一方面，這也是一種高風險的

1920～1930 年代
高級訂製服（Couture）
成衣（Prêt-a-Porter）
時裝屋（Maison）

1960 年代
概念店（Concept Store）

1980 年代
生活風格店（Lifestyle Store）

1990 年代
旗艦店（Flagship Store）

2000 年代
焦點旗艦店（Epicenter flagship）
超級旗艦店（Mega flagship）

2010 年代
數位旗艦店（Digital flagship）
網路旗艦店（Online flagship）

圖 2 ｜ 旗艦店零售業態的發展過程

---

[26] Wgsn (2007) Nike. Accessed at: http://www.wgsn-edu.com/members/retail-talk/features/rt2007sep03_081658?-from=search Accessed on 05/01/13.

[27] Barreneche, R, A. (2008) New Retail. London: Phaidon Press.

策略，經驗不足可能會影響到業績表現以及業務的存續。

旗艦店概念的最新演變是由科技所驅動，數位旗艦店從嶄露頭角到大放光彩，起因於 Gucci 在 2010 年大張旗鼓地推出了數位服務；從那時起，Zegna 和 Diesel 也把它們的電子商務服務重塑為「數位旗艦店」。值得關注的是，其他時尚品牌會採行這項策略到什麼程度尚有待觀察，因為這之間的差異似乎仍不是非常明朗。

旗艦店的 6 大特色

圖 3 說明旗艦店的六大特點，綜合自科濟涅茨等人 [16]、米昆達 [17]、傑克森 [18]、摩爾及多徹蒂 [1]、弗林吉斯 [22]、諾布斯等人 [23] 之研究。

規模及位置

策略性功能　　　　配銷層級

旗艦店

獨特管理功能　　強化設計及
　　　　　　　　視覺營銷

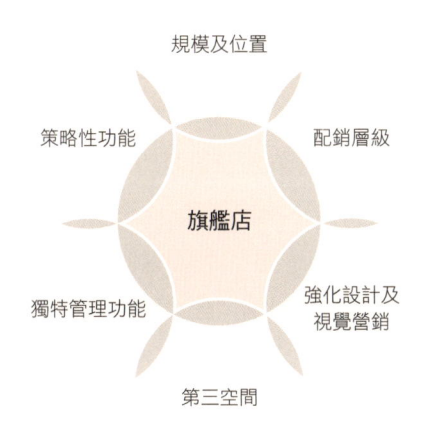

第三空間

圖 3 ｜ 時尚旗艦店的特色

1. 挑對地段是成功關鍵

據 Allegra Strategies 管理顧問公司 [25] 的說法，黃金地段是旗艦店成功的關鍵因素，因此旗艦店應該要開在最重要購物區的優越地點。摩爾等人 [27] 亦認同，認為奢侈品時尚旗艦店多位在主要城市的高級購物街區，如倫敦的龐德街（Bond Street）、紐約的第五大道（Fifth Avenue）、巴黎的蒙田大道（Avenue Montagine）。摩爾及多徹蒂 [1] 也支持這項論點，補充說明旗艦店多集中在可接觸到高淨值人士（High Net Worth Individuals, HNWI）、時尚創新人士與觀光客的特定街區。華特斯與懷特 [5] 則視零售地點的適當性為零售公式是否成功的基本條件；舉例來說，有些品牌的旗艦店可

27 Moore, C., M. Fernie, J., Burt, S. (2000) Brands without Boundaries: The Internationalisation of the designer retailer's brand. In: European Journal of Marketing, Vol. 34, No. 8, 919-937.

能會選擇名氣最響亮的街區，其他品牌則選擇成為城市邊緣地帶「吸引注意力的另類選擇」，為消費者帶來「強烈興奮」的購物樂趣[24]。地點的作用就在於確保品牌可以接觸到正確的客群，並且傳達出「正確」的訴求[25]。

2. 提供完整配銷服務

旗艦店往往會提供深度與廣度兼具、跨類別（男裝、女裝、飾品配件、家居用品以及童裝）的全系列產品[1,20,28]，也應該保有獨家產品範圍的潛力，如 Tiffany & Co、Marc Jacobs、Comme des Garçons 的情況即是如此[29]。Allegra Strategies 管理顧問公司[25]發現，為了提供完整的產品系列，以及其他門市未能提供的額外產品及服務，擁有充足的空間是旗艦店致勝的關鍵因素，進而連結起旗艦店的規模及配銷範圍之間的關連性。

3. 強化設計及視覺營銷

建築及設計，在反映並協助建立品牌識別上扮演著不可或缺的角色。有趣的是，隨著零售、藝術及建築之間的界線日趨模糊，越來越多的建築師和藝術家想跟時尚品牌一起合作[24]。時尚設計師自 70 年代就開始求助於建築師在強化、放大品牌形象方面助他們一臂之力[21]，其中又以 1996 年英國建築及空間設計大師約翰‧帕森（John Pawson）與 Calvin Klein 的合作，為這樣的合作型態帶進了勢不可擋的動力。旗艦店中的視覺刺激會誘導消費者進入一場無聲的對話，分享時尚設計師更寬廣的視野[24]。Future Systems 建築師事務所[30]表示，在他們為時尚品牌 Marni 所設計的旗艦店中，服裝已成為整體組成的一部分；亦即並未與設計分離開來，但僅是其中的一部分。Allegra Strategies 管理顧問公司發現，旗艦店在連鎖通路中可作為一種典範，用來試驗新的視覺營銷概念及新點子；此外，考慮到旗艦店在配銷層級中的重要性，它必須擁有最高的標準以及最令人印象深刻、最具情緒感染力的櫥窗與內部陳列展示。

4. 第三空間留住顧客腳步

過去五年中，在零售的情境中出現了「第三空間」或「第三場所」（third place）的主張，據米岡達[17]的定義，第三空間是「非工作或住家的空間，而是一個可以隨意遊逛、放鬆、認識人、甚至享用餐點的舒適空間。」Prada 在東京的旗艦店中有一座公共花園，Kenzo 在巴黎的旗艦店內提供按摩服務，而在 Dolce & Gabbana 米蘭的旗艦店，你可以享受刮鬍修面的服務，然後在它的馬丁尼及羅西酒吧（Martini and Rossi Bar）喝杯雞尾酒

[28] Fernie, J., Moore, C.M. and Lawrie, A. (1998) A tale of two cities: an examination of fashion designer retailing within London and New York. In: Journal of Product & Brand Management, Vol. 7 No. 5, 366-78.

[29] Verdict (2007) Global Luxury Retailing. Datamonitor, October.

[30] Future Systems (2008) Architecture-Marni. Accessed on 08/02/08. Accessed at <http://www.future-systems.com/architecture/architecture_13.html>

Allegra Strategies 管理顧問公司 [25] 指出，第三空間可能涉及活動以及娛樂元素，對旗艦店來說是一項重要的決勝因素，觸發心理感受機制的一種經驗，形成了第三空間中不可或缺的一部分。諾布斯和曼洛 [30] 識別出旗艦店內第三空間的分類法，於複雜性、風險及成本方面的演變。休息區是最簡單的一種運用，再來是藝術文化空間、飲食區，以及多元化的專門空間；舉例來說，可能包括健康美容或科技的運用。Armani 在米蘭占地十二萬九千平方呎的 Armani Centre 第三空間中擁有上述所有的規劃，不但提供所有服裝系列，還有居家用品部、花店、糖果糕點專櫃、書店、餐廳、酒吧以及 Sony 的電子產品陳列室。這樣的「Armani 生活風格全體驗」，在 2011 年 Armani 飯店落成後又如虎添翼。第三空間可說是零售與休閒的一種混和產物，重點放在社會化，最終發揮的作用是延長、優化顧客在店內駐留的時間。

5. 保持最佳狀態的專職管理

由於旗艦店在公司裡的地位獨特，加上標準與表現方面的壓力與日俱增，許多旗艦店在營運、銷售以及視覺營銷方面，開始以差異化的管理架構來運作；舉例來說，在時尚奢侈品的旗艦店中，銷售顧問只銷售特定的產品類別，以便提供深度的產品知識。而為了讓外觀始終保持於最佳狀態，大部分的時尚旗艦店會有一支專門的全職團隊負責視覺營銷的部分，也會有一支長期的管理團隊配置多位協理，分別專職於某項特定的業務功能，像是庫存、人力資源或是行政管理。

6. 強化消費者對品牌的迷戀

時尚品牌在旗艦店上所做的重大財務投資，顯示出它們的策略性意圖。對於旗艦店的最終目標應該是什麼，實則並無明確的共識，然而它們在零售商的策略中的確扮演著重要的角色，在內部及外部皆代表品牌的識別、價值以及理念 [25]。里沃德 [31] 也提出同樣的主張，認為旗艦店的首要目標並非銷售產品，而是讓消費者對該品牌產生一種迷戀、創造根深蒂固的情感寄託。瓦利 [20] 也提出，旗艦店的角色基本上著重於零售品牌的建立與強化，而非盈利能力。然而，Allegra Strategies 管理顧問公司及諾布斯與曼洛發現，許多先前涵蓋於行銷預算之下的旗艦店零售業態，逐漸被賦予代表品牌以及產生盈利的期待，進而成為一項潛在有效且兼具成本效益的行銷工具。

---

30 Manlow, V. and Nobbs, K. (2013) Form and function of luxury flagships: An international exploratory study of the meaning of the flagship store for managers and customers. In: Journal of Fashion Marketing and Management, Vol. 17 Iss: 1, 49-64.

31 Riewolt, O. (2002) Brandscaping: Worlds of Experience in Retail Design. Switserland: Birkhauser Verlag AG.

短期、創造話題性的快閃店

快閃店業態是一種相當新穎的零售概念，從該主題為學術定義所涵蓋的性質上即可看出。關於這個概念，絕大部分的定義可從零售及行銷傳播方面的期刊文章和教科書中找到，不過十分有限 [38]。快閃店也可以被稱為「臨時店鋪」、「游擊店鋪」（guerilla store）、「閃現零售」（flash retail）、或是「游牧店鋪」（nomad store）[32]。雖然我們後面會討論到，每一種都有它獨特的型態與涵義。

[32] Surchi, M. (2011) The temporary store: a new marketing tool for fashion brands. In: Journal of Fashion Marketing and Management, Vol. 15 Iss: 2, 257-270.

[33] Niehm, L., Kim, H., Fiore, A., M,. and Jeong, M. (2007) Pop-up retail acceptability as an innovative business strategy and enhancer of the consumer shopping experience. In: Journal of Shopping Center Research, Vol.13 No.2, 1-30.

舍契（Surchi）[32]	「由既有製造商建立及運作的短期零售店鋪。」
寧姆（Neihm）等人 [33]	「旨在吸引消費者的新體驗式行銷型態。這種短期促銷的零售環境是設計來為消費者提供一種專屬、高度體驗式的互動。」
金（Kim）等人 [34]	「高度體驗性的行銷環境，重點在短期內推廣促銷一個品牌或一條產品線，通常在較小的場地中進行，便於促成與品牌代表更多面對面的談話機會。」
諾席克（Norsig）[35]	「一個短期的零售地點。」
波斯納（Posner）[36]	「在有限的時間框架下設置的臨時店鋪，常會舉辦某些形式的活動以創造出話題熱潮。」
李格林伍德（Lea-Greenwood）[37]	「在某個零售商通常不會考慮利用的地點訂定短期的租約。」
史潘納（Spena）等人 [38]	「坐落於極具代表性地點的短期品牌專賣店，目標是藉由休閒的方式打開品牌知名度、提升品牌忠誠度及品牌價值。」

圖 4 ｜快閃店的定義

顯然每個定義之中最常見到的特性，也是快閃店明確無疑的一面，就是它非永久性或短期的性質；第二個最重要的特性，則是它的體驗式功能。寧姆 [33]、金等人 [34] 以及波斯納 [36] 都提到店鋪的氣氛及環境應讓消費者產生參與及興奮的感受。最後，位置的選擇極為關鍵。金等人 [34] 及李格林伍德都強調，「對品牌而言非典型」規模或地理位置策略是快閃店的特徵。其中，又以寧姆等人 [33] 所提出的快閃店定義最為周全，不但含括了上述提及的三個特性，更提及快閃店具備有行銷與零售的雙重角色，因此在本章中，我們將使用這個定義。

[34] Kim, H., Fiore, A.M., Neihm, L. and Jeong, M. (2010) Psychographic characteristics affecting behavioral intentions towards pop-up retail. In: International Journal of Retail & Distribution Management, Vol. 38 Iss: 2, 133-154.

[35] Norsig, C. (2012) Pop up Retail: mastering the global phenomenon. New York: Bauhaus Press.

[36] Posner, H. (2011) Marketing Fashion. London: Lawrence King.

[37] Lea-Greenwood, G. (2012) Fashion Marketing Communication. London: John Wiley & Sons.

[38] Spena, T. R, Carida, A. Colurcio, M. and Melia, M. (2012) Store experience and co-creation: the case of temporary shop. In: International Journal of Retail & Distribution Management, Vol. 40 Iss: 1, 21-40.

快閃店的發展歷程與策略

Vacant 被認為是首開快閃店風潮的品牌。1999 年，這間在洛杉磯發跡的公司觀察到日本的消費者願意為限量商品大排長龍，靈機一動，購入並策劃展示少量獨家商品，在倫敦一個特別的地點銷售一個月，並在貨品售罄後旋即關閉店鋪 [39]。寧姆等人 [33] 及霍普金斯 [40] 皆強調，美國的

連鎖百貨 Target 是快閃店早期的先驅及領導者，它的第一次嘗試是在 2002 年哈德遜河上的一艘駁船進行；從那時開始，Target 開始針對各種不同的產品線及銷售地點展開實驗。Vacant 則是於 2003 年在紐約開設了第二間快閃店，並喊出「它是商店還是藝廊？」的口號，讓這間快閃店兼具雙重功能的性質展露無疑 [41]。2004 年，川久保玲的 Commes Des Garçons（CDG）品牌創造了一系列「反概念」的概念店鋪，又被稱之為「游擊店」；會這麼稱呼是因為這些店只開一年，內部裝潢得宛如藝術商店，卻坐落在城鎮尚未優化的原始地區 [33]。

有效出清庫存

這類打破傳統的零售模式，有趣的一點就在於它的庫存：CDG 選擇的是過季或是舊的庫存品，有效地利用這些店鋪作為降低存貨的方法 [42]，並採用這種方法增加庫存商品的價值，讓它們從舊品搖身一變，成了獨家專賣品。同樣在 2004 年，趨勢代理商 Trendwatching.com 追蹤這股「快閃店」趨勢時，即肯定其為顯見於各層級市場中的一種全球運動 [43]。

低成本卻有高宣傳效果

2005 年之後，這股風潮的花招手法也跨進了其他產業，像是休閒食品和飲料品牌及汽車產業 [44]。2007 年，日本的快速時尚零售商 Uniqlo 在紐約以運輸貨櫃作為移動式的快閃店，宣傳它新開幕的旗艦店；Uniqlo 在晚上把這些別出心裁的快閃店貨櫃卸下來，第二天晚上再把它們運送到另一個地點，為這個原本默默無名的品牌創造出話題熱潮及宣傳炒作 [45]。從那時起，由於這種方式成本低、店舖內裝的彈性又大，Hermes、All Saints、Puma 等品牌，也紛紛開始利用貨櫃作為快閃店鋪。把這項作法更加以發揚光大的是 Boxpark，2011 年在東倫敦開設了全世界第一間快閃商場；這間商場是由時尚品牌 Boxfresh 的創辦人羅傑·韋德（Rodger Wade）所設計，與同質性極高的商業大街及城鎮外的購物中心對比起來，反差極大 [46]。商場內進駐了精心挑選策畫的品牌組合，包括六十個生活風格式、小眾的以及新興的品牌，為原本就潮味十足的東倫敦零售場景中，又增添了一處時尚標的。

---

39 Boxhall, N. (2012) Are pop up stores the answer to empty high streets? In: The Guardian, Accessed at http://www.theguardian.com/money/2012/jul/20/pop-up-shops-empty-high-street Accessed on 02/02/13.

40 Hopkins, H, D. (2012) Living in a Pop up World. In: Huffington Post. Accessed at http://www.huffingtonpost.com/matthew-davidhopkins/pop-up-shops_b_2082841.html accessed on 2/01/13.

41 Tzortis, A, (2004) Pop up stores, here today and gone tomorrow. In: The New York Times, Monday October 25th accessed at http://www.nytimes.com/2004/10/24/business/worldbusiness/24iht-popups25.html?pagewanted=all&_r=0 Accessed on 5/01/13.

42 Horn, C. (2004) A store made for right now: you shop till its dropped. In: The New York Times, February 17th. Accessed at http://www.nytimes.com/2004/02/17/nyregion/a-storemadefor-right-now-you-shop-until-its-dropped.html?pagewanted=all&src=pm accessed on 3/01/13.

43 Trendwatching.com (2013) Pop up Retail. Accessed at http://trendwatching.com/trends/popup_retail.htm accessed on 01/01/13.

44 Zmunda, N. (2009) Pop up Stores pop as an inexpensive way to build buzz. In: Ad Age, August 31st, Accessed at http://adage.com/article/news/marketing-pop-stores-brandsbuild-buzz/138704 Accessed on 5/01/13.

45 Gogoi, P. (2007) Pop up Stores – All the Rage, Business Week, February 9th, Accessed at http://www.businessweek.com/stories/2007-02-09/pop-up-stores-all-the-ragebusinessweekbusiness-news-stock-market-and-financial-advice accessed on 04/01/13.

46 Boxpark (2011) The worlds first pop up mall. Press Release 02/08/11. Accessed at http://www.worldretailcongress.com/press-releases/2012/BOXPARK-release Sept.pdf Accesssed on 04/01/13.

快閃店的概念因它的無所不在而飽受抨擊。然而在經濟環境惡劣的情況下，快閃店不失為一種提升商業街區低迷出租率的好方式 44 47。湯普森（Thompson）48 及史潘納等人 38 皆指出，在成熟的零售地點，快閃店的數量顯著地增加中。對於物業面積被占用的房東來說，好處是快閃店較不可能引來反社會的行為，而且有助於它所坐落的地點整體經濟的良性發展。此外，快閃店倘若運作得宜，可能會轉變成永久性的門市，最終受惠的仍然是所有的利益相關者 44。

快閃店最近的化身展現於網路上：Rachael Roy、Bvulgari、以及 H&M 嘗試了數位快閃店的作法，但所得成效不一 49。有各種平台可供選擇，2011 年一陣臉書快閃店旋風先蜂擁而至；其中，利用網路快閃店達成商業目的，最成功者非 Rachel Roy 莫屬，她善用這個概念促成了一項新產品的合作，提供獨家產品及評論文章，給予消費者一個造訪網路快閃店的理由。於是不到幾個小時內產品銷售一空，社群媒體上所產生的宣傳成效更是無價。H&M 為每位合作的設計師設計一個快閃店式的電子商務微型網站，這些網站雖以視覺吸引力為人所稱道，但蹩腳的後勤支援卻使它們飽受批評，低估了流量更使網站常常當機 50。

經費不足更需要成立快閃店

各種時尚品牌所運用的快閃店顯見於各層級的市場中，從奢侈品市場到大眾消費市場皆有，優勢在於作為行銷及零售工具的多功能性及可變通性。此外，對小型或是初嶄頭角的時尚品牌或獨立設計師來說，沒有經費可以開設尚在測試市場需求階段的永久性門市，快閃店便是一項特別實用的策略性選擇。過去兩年中，我們觀察到快閃合作店在歐洲及北美洲出現，通常由政府或貿易組織所支持，不但可發揮展示人才的漸進作用，也可作為設計師打響品牌知名度的絕佳工具。

47 Cochrane, K. (2010) Why pop ups Pop up everywhere. In: The Guardian, Tuesday October 10th, accessed at http://www.guardian.co.uk/lifeand-style/2010/oct/12/popup-temporary-shops-restaurants. Accessed on 31/01/13.

48 Thompson, J. (2012) Pop up shops are licking the high street blues. In: The Independent, Monday December 6th, accessed at http://www.independent.co.uk/news/business/news/popup-shopsare-licking-the-high-street-blues-8420078.html accessed on 31/01/13.

49 Mashable (2011) Five ways retailers are winning big with Facebook commerce. Accessed at http://mashable.com/2011/03/22/facebook-commerce-retailers/ accessed on 3/01/13.

50 Fashionista.com (2011) Versace for H&M crashes retailers e-commerce site in the UK. Accessed at http://fashionista.com/2011/11/versace-for-h-us-site-to-launch-in-fall-2012/ Accessed on 04/01/13.

快閃店的 6 大特色

綜合文獻所述，快閃店型態中有 6 項主要組成要素以及 4 種主要的類型如下（參見圖 5）：

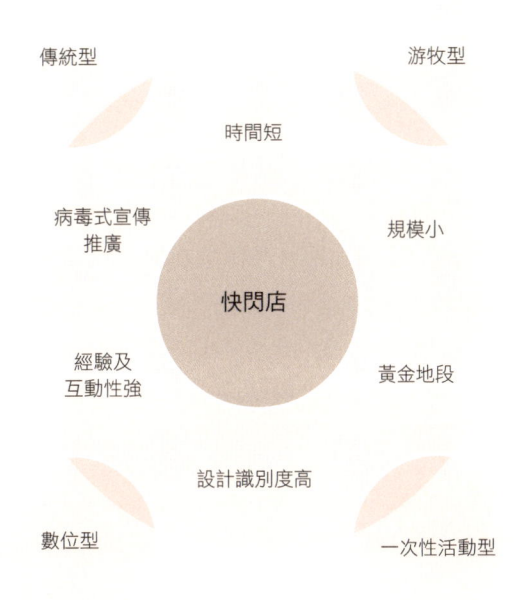

圖 5 ｜快閃店的特色與型態

1. 有限時間內產生最大吸引力

這一點是指快閃店開設的時間長度，有限的生命週期以及預定的時間框架正是關鍵所在[32]。快閃店開設的最短時間可以只有幾小時，其中一例即為 Vogue 在九月份舉辦全球購物夜時，由 ASOS、Net-a-Porter 等品牌所開設的快閃店；然而，最長的租約時間也可以長達一年。平均來說，快閃店開張的時間大多為一至三個月，給予消費者在需求的熱潮消退之前，還有足夠的時間去發現、購買、為它撰寫評論或文章。快閃店的臨時性質是它最明確的特點，也是對消費者所產生的最強大召喚行動，吸引他們前來造訪。

2. 小規模加強獨享感

學術文獻及產業評論皆指出，快閃店的規模多半比普通業態的零售店小[33]，並說明這是因為較小的規模會加強獨享的感覺並帶動話題熱潮。而由於消費者並不期待在快閃店看到完整產品系列的展示，品牌也能藉此降低成本。

3. 位於市中心的黃金地點

舍契[32]強調地點的重要性：「〔它〕是一部分的包裝，店鋪本身已經變成了產品。」由此可知，地點對於品牌整體的識別及體驗有極大貢獻。傳統上，快閃店多坐落於市中心高流量的地點，使銷售量以及對消費者的曝光度最大化[34]。相反的策略可以 Vacant 及 CDG 的運用為例證，選擇另類的隱蔽地點為目標店鋪，同時增加品牌的吸引力。兩種選擇都證明了基於市場定位、目標市場及快閃店目標的組合，審慎挑選地點的重要性。此外，快閃店的型態也會影響地點的選擇。

4. 加強品牌識別度的設計

萊恩（Ryan,2010）提出運用品牌色系傳達品牌識別與價值的重要性，同時陳述快閃店的設計和視覺營銷不需要那麼「完美優雅」，可以傳達一種暫時的感覺。這點從 2010 年 Prada 的快閃店設計即可看出，運用了紙板、基本木材、以及立體感強而逼真的錯視畫以達最大的效果。

5. 全新體驗及絕佳互動性

提供互動的機會，是設計及布局上另一個重要的特性[33]，而在快閃店中顯然具備了「第三空間」的某些面向。經驗及互動的概念被認為是不可或缺的，因為快閃店的作用不僅在銷售產品，更在行銷品牌。在現代社會中，消費者及生產者的角色已然交融混雜，從共同創造、客製化服務以及體驗式零售的趨勢可見一斑[51]。大部分成功達成商業目的的快閃店，似乎皆擁有這些面向之中的至少兩項。金等人[34]研究快閃店的消費者，發現他們重視新奇及享樂的特點，並且根據這些特點來決定未來是否會光顧這些店。此外，史潘納等人[38]也提到，藉由消費者在店內的互動經驗，快閃店可成為共同創造價值的理想媒介。

6. 病毒式宣傳推廣

由於快閃店具備「游擊隊」性質，在傳播組合中採取類似的作法也頗為合乎情理。它們是不按常理出牌的一項重要行銷傳播工具，就是在實體及網路世界中，生成與利用口碑宣傳（word-of-mouth promotion）及廣告推銷[36]。的確，這是一種大體而言幾乎不須宣傳費用的做法，特別是在社群媒體上，不僅可增添一種「酷要素」（cool factor），更有助於快閃店想增進的新奇及發現價值[32]。

[51] Solomon and Rabolt 2003.

快閃店的 4 大類型

1. 低風險傳統型快閃店

根據舍契[32] 的分類，快閃店有 4 種主要的類型。第一種是傳統型快閃店，擁有上述提及的全部 6 項特徵，利用現有的商店或傳統的空間加以改裝。這是一個風險較低的選項，也為大多數的快閃店，特別是主打大眾市場的快閃店所採用。傳統型快閃店的例子包括 Liberty 百貨公司在 2012 年開設的奧運快閃店，就在一間靠近奧運會場的購物中心；United Colours of Benetton 的編織藝術快閃店，開在紐約蘇活區的一間廢棄車庫；還有 Phillip Lim 在香港開設的 3.1 四階段科技加強版快閃店。店中店概念是傳統型快閃店的另一種版本，亦即在超市、百貨公司或是品牌集合店裡的空間設置快閃店，一個實例就是 2010 年 Missoni 在紐約的連鎖百貨 Target 中所設置的快閃店，被視為是時尚零售業中最成功的快閃店之一[52]。

2. 高彈性游牧型快閃店

第二種是游牧型快閃店，主要的差異在於這類快閃店位於戶外而且可以移動，所以在地點的選擇上相當有彈性[32]。在各式為零售店所設計及改造的型態中，這是最動態、最具活力的型態之一。如前所述，運輸貨櫃是熱門的選擇，而運輸工具也是，包括船隻、巴士、貨車、汽車、火車、甚至飛機；還有臨時性的搭建物會被利用，像是帳篷、亭子、大型遮篷。2011 年，Shanghai Tang 在香港的旗艦店進行裝修時，就善加運用了蒙古包快閃店的作法，即為游牧型快閃店的最佳範例。另一個著名的例子是 2011 年，Uniqlo（快閃店概念的大師）創造出 LED 燈冰塊快閃店，在紐約各地移動以宣傳推廣他們的高科技發熱衣系列產品。

3. 一次性活動型快閃店

第三種是單一活動型快閃店。類似游牧型快閃店，這類的快閃店也坐落於戶外，明確的特點是它是一次性的，而且通常是一場活動或慶典的一部分，因此它的生命週期是最短的。如同其他類型的快閃店，地點對於單一活動型快閃店也是一項關鍵性的特徵，因為它與消費者在店內的體驗與參與有直接的關聯性[34]。在這樣的情境下，贊助商及名人代言特別有效，因為品牌會希望藉由快閃店參與可與品牌相輔相成的活動或慶典，獲取對雙方都有利的好處。舉例來說，2012 年的 SXSW 西南偏西藝術節（德州的數位媒體及音樂節），Puma 把一台餐車改裝成移動的休閒

[52] Wall Street Journal (2011) Madhouse for Missoni, September 9th. Accessed at http://online.wsj.com/article/SB10001424053111903285704576558850941728260.html. Accessed on 4/01/13.

區，讓消費者可以訂製 T 恤、玩遊戲、享用點心飲料；SXSW 藝術節富有創新精神及青春活力的名聲，Puma 品牌可藉此將這些價值轉換為本身所有。另一個例子是 2011 年樂施會（Oxfam）在英國格拉斯頓伯里（Glastonbury）音樂節時所設置的帳篷快閃店，提供 DIY 時尚工作坊以及公平交易點心飲料的服務。

4. 高度自由的數位型快閃店

最後一種是數位型快閃店。如先前所述，這類快閃店可以開設於各式平台上，包括臉書、第二人生（Second-life）之類的社群媒體以及電子商務網站常見的延伸發展。但相對於實體快閃店，數位型快閃店即便也擁有六項主要特徵，運作的型態卻是截然不同。數位型快閃店有時間的限制，從幾個小時到至多三個月都有；在內容及產品範圍方面，比傳統電子零售店的規模來得小，多集中於某個特定的產品範圍或系列；地點則是指所選擇使用的技術平台為何，端視快閃店的功能而決定。

在設計方面，數位型快閃店比之其他類型的快閃店提供了更高的自由度，但為了一致性的考量，建議應該要用上品牌的色系及識別標誌，除非快閃店設置的目的是為帶領品牌走往另一個新方向，或是特別針對小眾市場的考量。互動空間對數位型快閃店來說也相當重要，通常會運用與社群網絡的連結，或是納入某個可讓消費者在上面發表評論、進行討論的軟體或工具。最後，數位型快閃店會順理成章地走向病毒式宣傳推廣以及電子口碑（electronic word of mouth, eWOM）的行銷之途。實例之一是 Nicola Formichetti 在 2011 年推出的 NicoPanda 品牌電子快閃店，開放了三個月的時間，銷售他自己的品牌以及他有參與設計的其他品牌，像是 Versace 跟 Mugler 之精選組合商品。這個概念是遵循自兩間在銷售上大為成功的傳統型快閃店而來，分別於紐約及香港，也示範了一種延長快閃店壽命的方式。

時尚觀點總結：整合新形態時尚專賣店

本章旨在闡明各層級的市場中，為各種時尚品牌所運用的兩種專賣店零售業態，從大眾消費市場、獨立設計師到奢侈品市場皆然。零售業態基本的功能在於代表品牌的商業模式，並傳達它的核心價值及品牌識別，可以運用有形的實體店鋪形式或是無形的電子商務平台來達成。品牌間的競爭激烈程度以及消費者的選擇日增，促使時尚品牌開發出日新月異的零售業態，大多數品牌更特別在旗艦店及快閃店的概念上精益求精。

旗艦店的概念，據述是演變自巴黎奢侈品牌的時裝店以及 1980 年代的生活風格店。學者指出，一間零售店要被歸類為真正的旗艦店，必須具備 6 大特徵的組合以及新興的第三空間概念。另一方面，近年來的快閃店現象已從一種潮流趨勢轉變為公認的行銷或零售工具，快閃店的 6 大主要特徵也在本章中詳述，其中又以開設的時間長度為其最明確的特點。此外，快閃店被區分為 4 大類型：傳統型、游牧型、單一活動型以及數位型。每一種特殊的零售業態都為時尚品牌扮演著獨特且策略性的要角，只要資源不耗盡或被濫用，這些業態便會繼續存在。最後，旗艦店與快閃店所能發揮的潛能，端視品牌能否整合它在數位與實體世界中的努力成效。

case #2　Edouard Vermeulen
愛德華・韋爾默朗

採訪／楚依・莫爾克

" 在國外，我被稱為歐洲的奧斯卡・德拉倫塔或卡洛琳娜・海萊拉，沒有人叫我「北方的普拉達」，而我對此毫無異議。"

比利時與荷蘭王室最鍾愛的品牌 —— Natan

2013 年，比利時時尚品牌 Natan 歡度三十週年慶，它的創辦人、設計師、擁有者正是愛德華・韋爾默朗。這間公司始終獨立經營，但韋爾默朗有意引進合作對象，「如果 Natan 想踏入國際市場，我無法只憑一己之力達成這個目標。」韋爾默朗說道。

Natan 提供高級訂製時裝，也有成衣的產品線。韋爾默朗可說是比利時及荷蘭王室最鍾愛的設計師，許多比利時婦女也是這個品牌的粉絲。Natan 共有 8 間門市，並且在 120 間品牌集合店中展售，擁有一支由 60 名員工組成的團隊，其中 10 名專職於 Natan 位於布魯塞爾的工作室。Natan 品牌以現代經典的優雅風格而聞名於世。

你在這個行業已有三十年之久，同時身兼時尚設計師及企業家的角色，你認為時尚產業的面貌是否已產生了根本性的改變？

十分徹底的改變。在過去五年中，這個產業已經變得截然不同了，還在想一年兩季的作品嗎？再想一下。現在，你得調整為一年至少推出四個系列的作品：不只關乎你的作品，還有你的門市展示商品以及年度預算。

除此之外，顧客改變了，他們的消費行為也不同了，商業大街上的連鎖店廣告宣傳的是最低價格，影響到消費者對於價格的認知；現在，一條褲子售價 250 歐元似乎很貴，即使它是用精美的材料精心製成。因此我們得不斷檢視作品，在商品及售價間找出一個平衡點。

然而，我愛極了這個充滿動力與變化的時代。即使某個商品的銷路很好，你還是不能坐享其成，決定去生產更多一模一樣的東西。今日的時尚產業已經無法沿用這個方式去運作了。

case # 2　Edouard Vermeulen

"我愛極了這個充滿動力與變化的時代。"

> "你得知道，時尚設計師要做的不只是畫草圖跟做造型，這只是工作內容的一小部分而已。"

Natan 成立滿三十週年時，你宣布想擴展公司、尋找國際市場，你有什麼計畫？

我還沒有具體的計畫，但正在考慮各種可能性，希望在這一年中做出決定。我即將邁入 56 歲，我得決定接下來的十年想如何工作，而我希望它是快樂的十年。你知道，生命咻的一下就過了。

繼續專注經營比利時的市場也是一個選項，為什麼不呢？公司經營得很好。但我若是決定進軍國際市場，也無法孤軍奮戰。已經有些投資公司與我接觸，這是它們的工作，但我若決定走這條路，我會希望看到一份明確的計畫，一個選擇是雇用一位獨立的經理人，用半年的時間把這份計畫準備好：我們要走到哪、我們該怎麼做。有了一份這樣的計畫，我就可以取得必要的資金。

在接下來的幾個月，我還會與幾位業界的高層管理者見面，他們一定會提供各種有趣的想法及建議。

當你退休時，你希望 Natan 這個品牌可以繼續經營下去嗎？

我不認為這是最重要的問題，為什麼這件事必須發生？我有家庭成員可以接管，當然，這並不容易，一間時尚公司的心與靈魂，往往與它的設計師緊密相連。

如果要你提供建議給年輕的時尚設計師，你會對他們說什麼？

對你所做的事抱持熱情與耐心，也必須了解，沒有人會等著你成功。你還得知道，時尚設計師要做的可不只是畫草圖跟做造型，這只是工作內容的一小部分而已。像伊夫‧聖羅蘭（Yves Saint Laurent）與他的生意夥伴皮埃爾‧貝爾傑（Pierre Bergé）那樣的合作無間，被視為是成功的經典範例。但是時代在改變，再說，你知道有幾個時尚設計師是以同樣的方式合作，最後成功的？

從商業角度回顧職業生涯，你有沒有任何遺憾？

沒有。我非常自豪於能夠成功地保持我們品牌的核心特質，我認為這是一項非凡成就。我所做過的最佳決定，就是以自己的資源來開創這間公司；正如我的祖父常說：「寧為小公司老闆，不為大公司奴僕。」我始終銘記在心。你可能會說，到目前為止，我應該可以做到更多更好，但在那樣的情況下，我可能得擔負極大的風險。Natan 的三十週年是一個很棒的動力，促使我們把眼光放遠，就像在新年前夕下定決心，做好計畫，對未來充滿信心。對 Natan 來說，2014 年將是令人興奮鼓舞的一年。

case # 2　Edouard Vermeulen

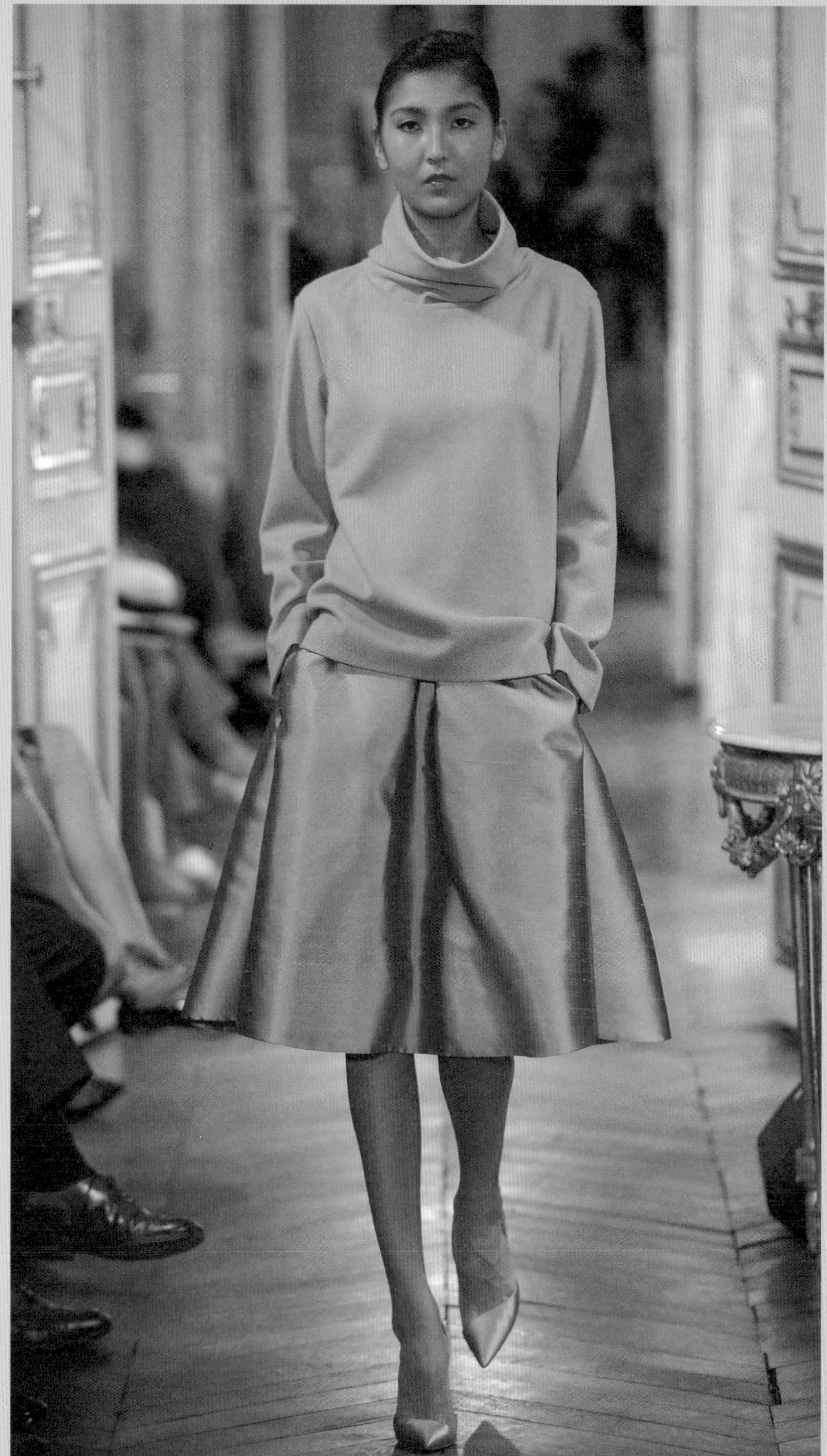

COMMUNICATING FASHION IN THE NEW ERA

第三堂
時尚產業的網路傳播大挑戰

弗朗西絲卡・羅瑪納・里納爾迪
Francesca Romana Rinaldi

社群媒體拉近時尚業與消費者的距離

本章提出兩大主要挑戰，是現今時尚品牌在傳播它們的品牌識別時必須面對的，關於社群媒體傳播、企業責任計畫、承擔環境及社會永續發展的義務，各方面的基礎理論、最佳做法及相關問題皆會在此呈現。

在過去這十年中，時尚企業在顧客關係上經歷了相當劇烈的轉變。新的顧客對網路推薦的信賴感與日俱增，很自在地分享自己的選擇及想法，也想要更了解產品的原產地、製造過程、以及所使用的勞動力，同時，參與公司企業直接溝通對話的意願日漸提升；而不可諱言的是，社群媒體助長了這場變革。

隨著這個新紀元的來臨，時尚企業必須發展出新的競爭力、提升供應鏈的透明化程度、並且增加對網路通路的投資，來傳達時尚流行。

時尚及奢侈品企業為人們打造出夢幻世界，滿足他們對於認同感及關聯性的特定需要。以往，奢侈品牌的世界對於大量的仰慕者是敬謝不敏的，然而社群媒體宛如偷偷地推開了一道門縫，讓人得以一窺時尚體制與社會的運作，進而滿足了好奇心及關注度。如此一來，大部分的時尚企業也不得不去面對網路傳播的複雜性及巨大挑戰。

多變的時尚產業傳播類型

時尚產業的傳播與其他消費品產業截然不同，因為時尚產業必須依賴高度視覺化的傳播形式，首選的傳播工具包括照片、秀展、展售間、模特兒、展示品、影片以及樣衣系列。根據薩維歐羅及泰斯塔[1] 所述，傳播工具可分類如下：

- 季節型傳播工具：例如，時裝秀、媒體、目錄、展會，以傳播產品為主。
- 體制型傳播工具：例如，品牌、總部、商店、贊助商、商業雜誌，以傳播品牌為主。
- 關係型傳播工具：例如，社群媒體、網站、直效行銷（direct marketing）、關係行銷（relational marketing）、廣告郵件（mailing），以同時傳播產品及品牌。
- 為薩維奧洛及泰斯塔[1] 所採用的進一步區分方式，在於「冷」、「熱」媒體之間的區別：社群媒體是熱媒體（hot media）[2] 的一個例子，而電視或許是冷媒體（cold media）[3] 的最好例子。

上述最後一項區分方式，在於產品、品牌以及企業的傳播。產品傳播（product communication）目的在於增加賣入（批發）或賣出（零售），主要的工具包括了廣告、評論文章、時裝秀及活動、影片、目錄、門市店內的素材以及網站。品牌傳播（brand communication）目的在於強化品牌識別度，主要的工具包括有識別標誌、歷史的傳承、設計師、企業家、發言人、名人行銷（celebrity marketing）、旗艦店、網站以及病毒式行銷（viral marketing）。企業傳播（corporate communication）目的則在於提高公司聲譽，主要的工具包括內部溝通（internal communication）、投資人關係（investor relation）、基金會及贊助商、慈善事業、展覽活動以及網站。

---

[1] Saviolo, S., Testa, S. (2002) Strategic Management in the Fashion Companies. ET AS1

[2] 使用者主動積極而且能夠直接參與。

[3] 使用者被動消極而且無法直接參與。

認識社群媒體版圖

遍及全球的多元社群媒體

社群空間極不固定而多變,以各種來自社群網絡的平台為代表,如臉書、Tumblr 之類的部落格、推特(Twitter)之類的微網誌、YouTube 之類的影片分享平台(參見圖1)。

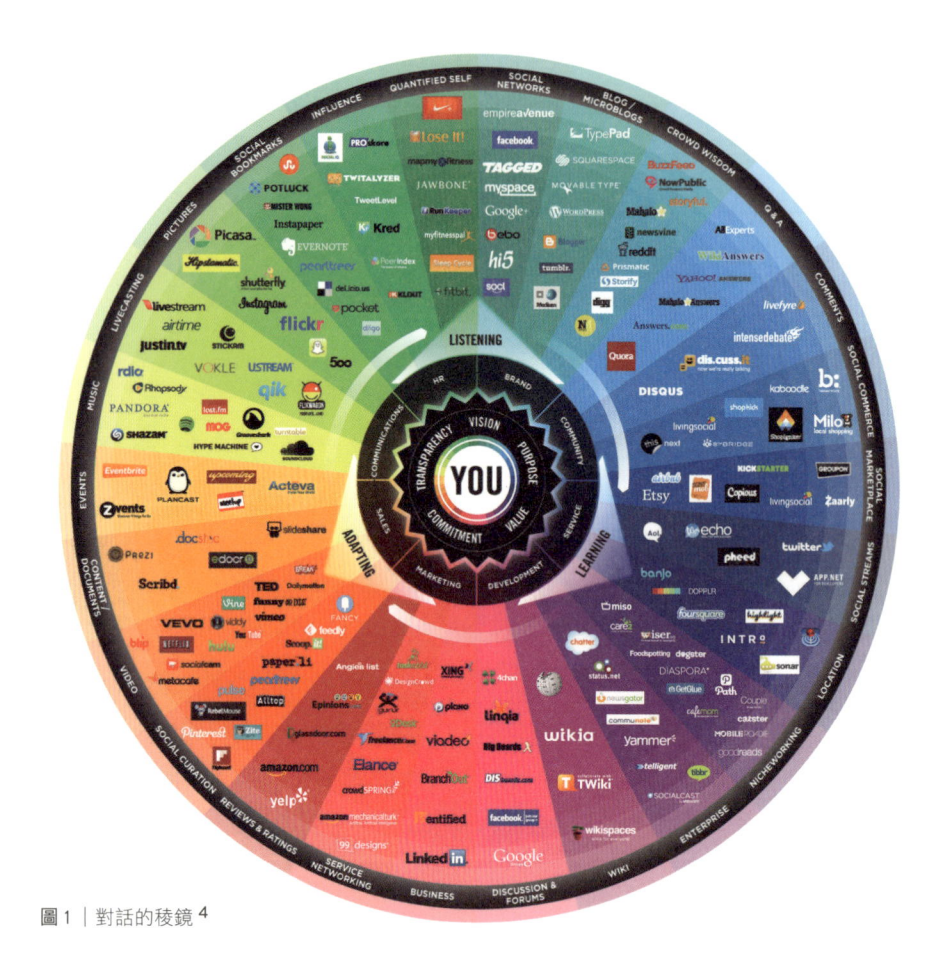

圖1│對話的稜鏡 [4]

如果我們把各國之間的差異性也納入考量,社群媒體的多樣性又更高了。舉例來說,在中國,社群媒體的版圖是由本地社群網絡所主導的(參見圖2),人人網(renren)取代了臉書的地位,優酷網(Youku)則取代了 YouTube 的使用。

社群媒體在網路族群中已達到前所未有的普及率,全球各地使用率極高,90%以上的網路用戶會使用社群網站。

[4] 資料來源:Brian Solis & JESS3, 2012 www.theconversationprism.com

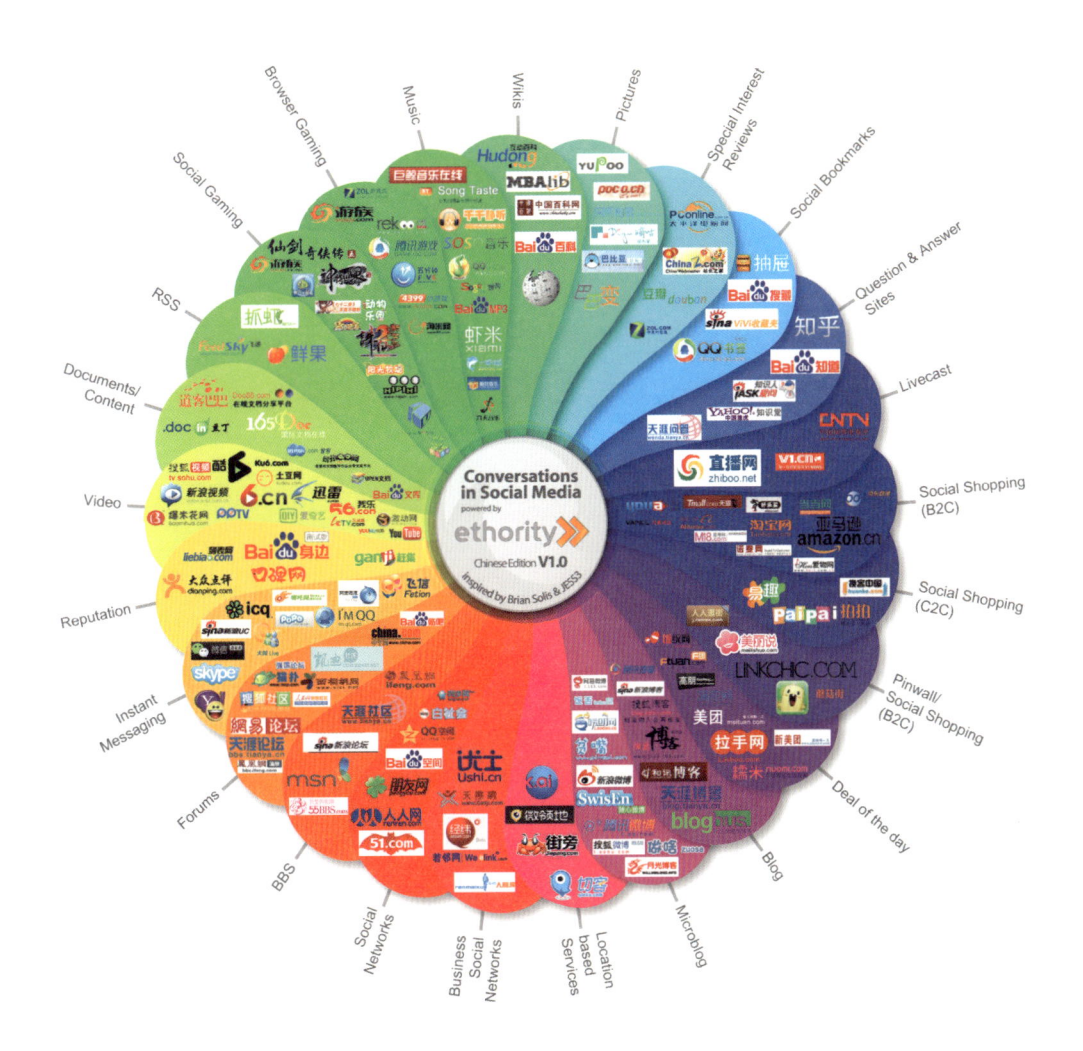

圖 2 ｜中國的社群媒體稜鏡 [5]

公司企業包括時尚企業在內，皆謹慎關注這些網路流量模式所呈現尚待開發整合的機會。的確，與它們本身的網站相比，社群媒體產生流量的功能，導入及導出時尚品牌網站的連結量，相形之下更為重要。此外，在品牌與社群媒體間產生的流量，以及品牌因流量而產生的網路成效，兩者之間存在著強烈的關聯性。目前，行動應用程式及行動版網站（M-website）[6] 的商機，仍然僅為少數時尚品牌所利用。

5　資料來源：www.ethority.net/blog/social-media-prism

6　為了行動裝置使用特別建置的網站。

如何活用關鍵社群媒體？

時尚企業的社群媒體進步程度，取決於以下數項關鍵社群指標（key social indicator）（參見表1）：

- 社群媒體平台的存在。
- 使用的語言類型。
- 社群平台中內容的多樣化。
- 社群平台中互動的程度。
- 與粉絲互動的程度。

以下表格為時尚企業指出社群媒體發展的關鍵社群指標[7]（表1）

關鍵社群指標	項目	評估
社群媒體平台的存在	・一個品牌所擁有的社群平台數量。	時尚企業至少應該經營它的臉書、YouTube以及推特，其次是Instagram及Pinterest。
使用的語言類型	・使用網站導向的語言。	網路語言應該是機敏的、綜合性的，經常運用問題使粉絲有參與感。
社群平台中內容的多樣化	・平台間有差異性的發文數量。	社群平台間的內容有高度多樣性。
社群平台中互動的程度	・平台間有分享選項的內容數量。	多虧分享工具，社群平台間能有高度的互動性。
與粉絲互動的程度	・按讚的數量。 ・評論的數量。 ・得到立即回應的評論數量。	與粉絲間有高度的互動性，這點跟內容的「品質」及「共享性」有關。

社群媒體傳播的成功，是基於它的內容，如我們選擇什麼樣的計畫或活動作為傳播重點？我們想傳播的產品是什麼？及語氣調性是否具有諷刺意味？還是如童話故事般的夢幻？最後就是與品牌識別的一致性。

[7] 資料來源：Francesca R. Rinaldi, Social Media Fashion Monitor, SDA Bocconi 2011

即使是奢侈品牌也需經營社群

對願意投資於網路傳播的奢侈品企業來說，最大的挑戰是在對一群精英分子傳達訊息，即「打造夢幻世界」的同時，也一併對社群網路上眾多的粉絲（潛在顧客）開誠布公。這種複雜的兩難困境，是提供高端產品的企業必須解決的問題。舉例來說，有個高級珠寶品牌初步決定不在臉書上設立該品牌的粉絲專頁，而某個電子零售商（e-tailer）卻決定以該品牌之名設立一個獨立的帳戶，經營社群對話，特別是拜該品牌的高知名度所帶來的高流量。這就是一個很簡單的道理，說明為何經營網路上的溝通對話，對奢侈品牌來說也是十分基本而必要的。

抓住粉絲的心！與他們直接對話

那麼，對於新媒體以及社群網絡特有的一對一溝通方式，品牌該如何做最佳的利用以解決精英主義與普羅大眾間的取捨問題？有些品牌藉由很「酷」的數位呈現方式，在網路上設法重現它們的精英主義訴求。舉例來說，提供粉絲機會參與一場直播服裝秀，或是在社群媒體平台上與創意總監直接對話。

在 2010 年的「Gucci 電子連結」（Gucci E-Connect）宣傳造勢活動中，Gucci 邀請粉絲在臉書上報名參加一場獨特的虛擬時裝秀，於是 Gucci 的臉書粉絲在一個星期內竟激增至 50 萬人！同年，Louis Vuitton 在它的女裝系列現場時裝秀直播（Women's Live Fashion Show）中，提供粉絲直擊該活動「後台」的機會，並提供了一段由馬克‧雅各布斯（Marc Jacobs 當時的創意總監）擔任旁白的影片。這些虛擬的體驗甚至可說比真實的經驗效果還好。

2011 年，Burberry 在臉書上發布了一段影片，播出它的首席設計師克里斯托弗‧貝利（Christopher Bailey）要求粉絲發文提出問題，而他將在五天之後的另一段影片中回答這些問題，結果有將近 3000 人以評論、問問題以及「按讚」的方式，回應這兩則影片的發布。

當然，社群媒體這條道路不總是輕鬆或平順的。銷售高端產品的企業必得找出方法，以降低同時與眾多消費者對談的風險，亦即你可能會得到正面或負面的評論，這些都同時赤裸呈現於所有的消費者面前，包括你

真正的客戶以及其他潛在的客戶。經營網路對話，意味著你得在規劃及監督作業上投入大量的心力與時間，關鍵的法則是，你的內容必須與品牌識別有完全的一致性，並且與該社群產生關聯性。

真正有效的社群媒體傳播技巧

社群媒體有無比的潛力可促成品牌與消費者之間以雙向對話（two-way conversation）的方式進行溝通，社群媒體的消費者或使用者也有權力去選擇他們想接收的訊息。藉著激發粉絲的參與，公司得以建立起與粉絲之間的連結、保持溝通管道暢通持久，並且直接從他們身上得到回饋。

網路語言輕鬆提升粉絲點閱率！

當品牌經由發文或推文進行傳播溝通時，最好的做法是使用網路導向的語言，一種吸引人的、較為通俗的用語，而非純屬商業性質的正式用語。廣告口號，亦即定義網路發文的簡短標語，也必須清晰簡明。品牌必須以簡單有趣的方式，給發文一段描述說明，給粉絲即將看到的內容一個簡單預告。無意義的廣告口號以及過多的繁文縟節，都可能會降低內容的效益以及粉絲感興趣的程度，進而降低整體流量。

企業應該發布明確邀請粉絲參與的內容，例如競賽或測驗，或是日常生活主題的發文、對時事的評論或問題，也都有助於抓住粉絲的注意力。光宣傳品牌產品的發文是不夠的，發文的內容必須能夠刺激粉絲採取行動，並且符合產品的生活型態。

有趣的是你會發現，網路導向語言對大眾品牌及高端品牌來說都適用；例如，兩者都可運用網路非正式的典型表達方式。而考慮到它們的目標客群，大眾品牌也可採用俚語進行溝通。

舉辦網路活動與現實生活中的活動互相連結，是提升粉絲參與度的方法之一。品牌可經由網路社群宣傳一項活動，或是邀請粉絲親身來參與。

粉絲的正負評論都需聰明回應！

最後，品牌應該持續對粉絲的發文或評論意見做出回應，即便只是一個簡單的「按讚」都有幫助。一則負面的評論若是沒有得到回應，可能會激發更多來自網路社群的負面評論。明智的做法是擬訂一項如何回應負面評論的策略，而非出於一時衝動的回應。義大利高級品牌 Patrizia Pepe，在 2011 年學到了這一課。這個品牌在臉書上被網友指控選用患有厭食症的模特兒，於是它立即回應，說它的模特兒不是得了厭食症，只是非常瘦，與它的目標市場（尺碼 42 號以下）十分相符。此言一出，隨即引發了軒然大波，產生大量的負面反應及輿論撻伐，大部分來自在網路上十分活躍的部落客。數日之後，Patrizia Pepe 在它的官方部落格上認錯，坦承它應該要先花時間傾聽意見，這個經驗使它獲益良多[8]。

從那時起，Patrizia Pepe 開始建立它的社群媒體策略，也很積極於創新顧客的店內購物經驗；多虧了像是「智能助手」（smart assistant）這類科技工具的運用，Patrizia Pepe 的零售店中，裝設了一種無線射頻辨識系統（radiofrequency identification, RFID）的多媒體柱。為了讓顧客在實體空間內與產品產生更好的互動，經由這項數位裝置的辨識，可對最終客戶的外表提供額外的資訊及建議。這項做法對公司有如下的好處：交叉銷售、運用所有的溝通素材於產品上的可能性、為銷售人員理提供一項實用的工具，讓他們可以吸引最終客戶的參與。而對最終客戶則有以下好處：與產品直接互動；驚喜的效果（WOW-effect）以及「娛樂型零售」（retailtainment）[9] 的作用；將自己視覺化呈現於全系列作品中的機會。在未來，這些在零售空間中所使用的數位工具，只會與社群媒體產生更緊密的連結，並影響你的購物經驗，使其互動性更強、互連性更高。

[8] 出自於 http://inside.patrizia-pepe.com/it/2011/patrizia-pepe-impara-dai-social-media/

[9] 在零售空間中的休閒娛樂。

強勢品牌要學會用情感說故事

在網路傳播的議題上，時尚公司還會面對另一項挑戰：與其他傳播管道與媒體保持高度的協調合作。因此，今日的時尚公司多趨向採取「跨媒體說故事」的策略──跨多種運用數位科技的平台和型態，述說它們的故事。能夠善用從網路及實體管道對話中所產生的機會，就會成為最成功的品牌。

有鑑於在當今更寬廣、更複雜的媒體環境中被消費者記住的困難度與日俱增，建立品牌識別與情感關係的一致性，亦即與消費者建立「親密感」，是相當基本而必要的一點。

上奇廣告公司（Saatchi & Saatchi）的全球執行長凱文·羅勃茲（Kevin Roberts）在著作中提出「動屏化」（畫面、聲音、動作）的概念，一種無縫傳播（seamless communication），涉及畫面、聲音、動作的國際性規劃透過電視、網際網路及行動裝置播送，創造出一種強大的親密感[10]。能發展出情感傳播（emotional communication）的品牌，就能成為強勢品牌。

有些品牌可能會決定採取情感價值（emotional value）的路線，致力於所謂的負責任傳播（responsible communication）。接下來的內容，將介紹時尚產業中，關於管理及傳播永續性機會的實況說明。

---

[10] 「動屏化」強調透過畫面、聲音和動作的整合，將成為新時代的主要傳播形態。Roberts, K. (2005) Lovemarks, The future beyond brands. powerHouse Books.

時尚產業應與社會建立高度互動

身處於時尚產業的企業，應隨時做好回答一系列問題的準備：如何降低對環境所造成的影響？對於業務營運所在地（轄區、行政區、國家）的經濟發展有何貢獻？該如何透過新媒體與關鍵的利益相關者進行互動？有什麼資源能夠回饋到在地藝術與文化的起源地，也就是品牌風格識別的靈感來源？有鑑於目前全球化及代工的過程，企業要如何確保所有它所營運、生產製造的國家中，勞工的權益有受到重視、技術有被開發？企業是否尊重消費者？

負責任的時尚企業（responsible fashion company）[11] 會不斷與許多情境與利益相關者互動，以達系統性的平衡，包括環境、社會、藝術、文化以及商業區域；這個目的可以經由許多做法來達成。舉例來說，規劃方案以降低營運活動對環境造成的影響；促進推廣其營運所在的區域；建立健全而富有挑戰性的工作環境；對消費者保證產品品質；藉由慈善作為、藝術合作、提供資金、捐款及企業博物館等做法，進行文化推廣。

對社會保有負責任的願景，是開啟永續性傳播的唯一途徑。那些與品牌產生互動的人，會希望自己被品牌以一般人的方式來對待、得到尊重，而非只是處於消費者或顧客的地位；這意味著，企業必須學會參與、鼓舞並激勵自身負責任的作為。越來越多的消費者使用智慧手機及平板，無形中賦予了他們在數分鐘內即可宣判產品死刑的權力；而這個現象帶給企業的挑戰是，它們必須創造出真正的利益與價值，以符合消費者對永續性的新需求與新形成的優先順位。企業真正的機會在於賦予人們力量，讓他們感受到自己是這個社群的一分子。

正如前面所說，多虧了社群媒體，品牌才能保證高透明度以及與消費者的高度互動，為真誠互信的關係打造出堅實基礎。社群媒體可讓消費者獲取大量的產品、品牌以及與供應鏈有關的各種資訊，更是它們的一大優勢。

[11] Rinaldi, F.R., Testa, S. (2013) L'impresa moda responsabile [The responsible fashion company]. Milano: Egea.

時尚產業的永續性傳播

至少有兩個理由可說明為何傳播是企業責任中重要的一環：

- … 傳播強化了對社會負責任的策略及行動，也放大了它所帶來的好處，進而與利益相關者建立起長久的關係。
- … 傳播可創造或建立企業的聲譽。

傳播並溝通企業永續經營的做法極為重要，因可藉此獲取所有利益相關者的支持，有助於定義公司的獨特識別。

企業可根據不同的重要利益相關者，決定要以外部傳播的方式，對消費者、本地社區以及政府機構進行宣傳推廣、告知與廣告，或是內部傳播的方式，對雇員、員工、利益相關者、投資者、供應商，進行訓練和告知（參見表2）。每間企業可視利益相關者的性質，預先準備各種不同的傳播工具、活用個別的管道，並使用不同的語言。

利益相關者	主要傳播工具	傳播目的
傳播目的	·網站、雜誌、小冊、活動、社群網絡	·宣傳推廣、告知、廣告
投資者	·網站、報告、直接郵件	·告知
員工	·內部網路、訓練課程、手冊和指南、商業雜誌、社群網絡	·發展、告知
供應商	·行為守則、指南、培訓課程、問券	·發展、監督、告知
本地社區	·大型活動、捐款、社群網絡	·宣傳推廣、告知、廣告
公共行政單位	·彙報	·告知

表2 ｜ 負責任傳播的利益相關者[11]

運用社群媒體和顧客建立良好關係

針對消費者及員工社群進行訴求時，社群網絡是一項特別有價值的工具。社群媒體傳播的最佳做法，已從「目標對象」的概念轉移至「利益相關者」的概念：一種定義為對社會負責的傳播，視其接收者為「參與者」而非「目標對象」。

然而，時尚產業中的企業即便已開始執行永續性的做法，仍然未能傳播它們負責任的行為；這或許是因為，責任是一種恐懼的概念，恐懼於汙染、資源耗盡、社會差異的加深或突顯。遺憾的是，恐懼的威脅遮蔽了我們今日承擔關鍵角色並改變的機會，也遮蔽了企業與其顧客及公眾意見建立並維持一種更真實新關係的機會；事實上，社群媒體正是能幫助企業達成這項目標的完美工具。

建立、培植品牌是一項持續的過程，需要不斷的關注。至少富有創新精神的企業們日漸意識到，隨著時間推移，責任是促使業務不斷蓬勃發展的一種全新、截然不同的方式；永續性的傳播溝通，則是讓它們與利益相關者重新校準參考值的一個機會。波特（Porter）及克萊默（Kramer）在他們 2011 年發表於《哈佛商業評論》的文章〈創造共享價值〉[12] 中，肯定地說明「解決之道就在於共享價值的原則，牽涉到經由處理社會需求及挑戰所產生的社會價值，企業必須重新連結本身的成功與社會的進步，共享價值則是實現經濟成就的新方法。」

與品牌定位一致的責任計畫，創造新價值！

負責任行為的傳播藉由產生需求、降低企業的環境及社會風險，並促進企業聲譽，為企業創造出價值。與品牌定位一致的責任計畫可為企業與品牌本身創造出潛在價值。企業越能提供並加強金融市場以及所有利益相關者對於責任道路的關注，相關的風險越低，而且聲譽也越佳。今日，成為其品牌識別核心中新價值觀與生活方式的代言人，是企業對本身行為負責的方式；這樣的方式實際上提供了一個平台，藉此產生的情感，可重燃企業與顧客及利益相關者間的承諾及信任關係。

時尚品牌是媒體關注的大玩家，它們能辨識出對社會有新的或重大影響的要角。企業創造與新消費者相關的產品及服務，幫助他們更負責任地生活，意指接受社會責任感的要求，不但可對社會形成正面影響，同時也提升社會對品牌的需求，並為企業本身創造出價值[11]。

---

[12] Porter, M. E. and Kramer, M. R. (2011) Creating Shared Value. In: Harvard Business Review, 89 (1-2)

時尚產業負責任傳播的最佳示範

品牌像是 Levi's 的環保水洗牛仔褲（Water<Less ™ Jeans）及 Patagonia 的環保主題倡議（Common Threads Initiative）被視為是時尚產業中的最佳實踐，而這一切都要歸功於它們的負責任傳播（參見以下案例）。

案例 1　負責任傳播的優良示範：

Levi's 的環保水洗牛仔褲

Levi's 創造出環保水洗牛仔褲系列，在最後加工過程中，使用的水量比一般處理方式來得少。為了提升大眾在用水議題上的認識，並帶動更多在產品保養上的負責任行為，Levi's 決定針對所有的消費者，推出一系列有關行為的廣告宣傳活動。

這一系列省水（Waterless）的廣告宣傳活動，目的在改變消費者的態度及行為。Levi's 決定在活動中運用有效且情感參與度強的影片，以及銷售點素材。

http://store.levi.com/waterless/

案例 2　負責任傳播的優良示範：

Patagonia 的環保主題倡議

「主題倡議」是一項完整的專案計畫，旨在影響消費者採取以下的行為：

減少消費：運用像是 Patagonia 護理指南（Patagonia Care Guide），買產品後如何處理、如何延長其使用壽命。

修復產品：雖然產品擁有優良的品質，有時可能還是需要修復，即便是在清洗之後。Patagonia 保證為產品的製造瑕疵以及使用時出現的問題提供修復服務。

再利用：Patagonia 承諾捐贈未售出的產品予公益團體，其中一項做法就是它與 eBay 合作轉售二手衣物。

回收：Patagonia 的門市提供已達生命週期終點的產品回收服務，以便再利用產品的布料。

重新想像：此共同衣服倡議終極持續致力於，與消費者一起思考我們消費與生產的方式，如何保護我們所愛的土地與水資源。

http://www.patagonia.com

以傳統媒體的方法傳播負責任的訊息，效果可能不大，因為消費者若時間有限，能處理的資訊也有限。適當的傳播可以在幾分鐘內促成購買決定，而傳播需要透過影像及文字以達到告知、激勵、教育及創新的目的，企業則需發展說故事的能力，述說引人入勝的故事。

負責任傳播的10大原則

在《負責任時尚企業》[11] 一書中，介紹了有效傳播溝通品牌的環境及社會責任的主要原則。不論是大眾消費或奢侈品牌、小公司或大企業，都能遵循這些指導原則，以負責任的態度對市場進行傳播溝通。

散布正面訊息

唯有正面訊息才能產生改變。新的故事應該要吸引人、令人振奮，最重要的是可信賴，而且不應重複陳腔濫調。

言行一致

「照你說的做」應是引導傳播溝通施行的原則，而非反過來。

提升品牌透明度

對品牌來說，信譽等同透明度。透明度意指承諾公眾的願景、設定目標、同時分享正面的成果與失敗的結果。企業不該心懷顧忌，如果企業願意把一切攤開在公眾之前，人們會更願意信任它。

容易獲取的簡潔、互動式資訊

透明度還涉及提供廣泛而完整資訊的需求。人們想了解品牌、產品、企業背後的事實，以及這些事實對他們的生活有什麼意涵；為此，他們必須不論何時、不論以何種方式，都能夠獲取所需的資訊，而網路及不同的裝置（行動電話或平板）則提供了免費的諮詢，其內容應該被設計為可發揮最淋漓盡致的作用，讓人充分享受綜合性及互動性的資訊。

具有保障的可信度

資訊必須視覺化且明確，並經過可信的第三方擔保，譬如非政府組織（NGO）或認證機構。企業不該落入自我認證或是「漂綠」（greenwashing）[13] 的誤導之中，但不論是否有經過認證，企業所完成事項的相關資訊都必須有堅實的基礎及證據。

---

13 是由「綠色」green，象徵環保和「漂白」whitewash 合成的新詞。用來說明一家公司、政府或是組織，以某些行為或行動宣示自身對環境保護的付出，但實際上卻是反其道而行。

與消費者產生連結

企業必須了解資訊的接收者，並且與他們產生關聯性。這項資訊是為誰提供的？我又是誰？他們屬於小眾區隔或是大眾市場？但最重要的是，驅動他們的是什麼？企業光是本身「綠化」還不夠，消費者在選用一項產品或服務時，仍然是以其性能與性價比（price over quality ratio）為首要考量，責任的價值則是一項很棒的催化劑，也仍舊是消費者做選擇時的重要考量，應被整合進品牌基因之中；而在對消費者有利的情況下，傳播必須能夠降低責任價值的影響力。

如果我買了某個巧克力，它嚐起來味道很好是我購買的原因；如果這個產品超環保、永續性極高，但是口感不佳，我還是會敬謝不敏，把它留在貨架上。事實是，產品的永續性不應是企業的主要訴求，反而應是為產品卓越品質而奠定的基礎。

敘述品牌故事

最富創新精神的品牌所推動的做法，已經從「是什麼」走向「如何做」，並且以共享價值及關係作為基礎：他們選擇這條負責任的道路，藉由述說產品如何從製造到上市、如何建立關係、在它們所參考的產業中意味著什麼樣的責任、為社會帶來什麼樣的影響，不啻表明了品牌的競爭優勢。想想一瓶葡萄酒，敘述它的起源：從栽種過程中摘取葡萄，一直到生產過程及成品的滋味。資訊所能發揮的作用，不該只是讓我們有意識地選擇或購買產品，還應該讓繼續對消費者述說產品故事到最後，倘若購買這瓶酒的是一間餐廳；或是讓購買者與朋友們一起分享產品故事。

傳遞勇氣及創新

傳播溝通責任、勇氣及創新是絕對必要的。勇氣可以意味著減少瑣碎的形式、以自我解嘲來面對危機、或是公開談論失敗的結果。最後，使用複數而非單數的第一人稱——不是「我做」而是「我們可以一起做」。

訴求簡明易懂：簡化、簡化、再簡化

如果我們談論某些議題，或許有人不了解幾公克及幾噸的二氧化碳有何差別，但每個人都知道坐飛機旅行、用洗衣機洗衣服、煮咖啡是怎麼一回事。我們必須以簡單的例子來表達、說明數字及複雜的概念，讓每個人都能理解。

賦予情感

除非能夠訴諸情感，創造出與聽眾或觀眾的深刻情感連結，否則傳播溝通永遠不會給人留下深刻的印象。拍攝影片是訴說一個簡潔、簡單、直接、動人故事最有效的方法，而情感則是負責任傳播的基本要素。

奢侈品企業的負責任傳播

正如前文所述，奢侈品企業試圖解決的兩難困境，就是在對一群「打造夢幻世界」的精英分子傳達訊息之際，同時對眾多粉絲或潛在顧客進行更為直接與「透明的傳播」（transparent communication）。傳播責任也存在著類似的矛盾。

開雲集團控股公司[14] 發起品牌再造活動，努力面對這項挑戰。這項活動不僅必要，而且深具象徵意義，因為該集團希望傳播某種特定類型的形象。沒錯，開雲集團（Kering）的發音與「關懷」（caring）相同，其中「開」（Ker）在法國不列塔尼[15] 語中的意思是「家」。「我深信永續企業才是聰明的企業，因為永續企業給予我們創造價值的機會，同時有助於創造一個更美好的世界。」法蘭索瓦・亨利・皮諾如此說道[16]。

在開雲集團所有的品牌中，又以 Gucci 在處理企業對利益相關者的責任上，是最優良示範的代表。

---

14 前身為巴黎春天集團，自 2012 年更名為開雲集團。

15 開雲集團執行長法蘭索瓦・亨利・皮諾（François-Henri Pinault）的家鄉地區。

16 刊登於開雲集團網站「永續發展」（sustainability）欄目的企業宗旨 http://www.kering.com/en/sustainability

關注永續發展的優良企業 —— Gucci

Gucci 是首批決定投資於永續發展的奢侈品牌。2004 年，Gucci 設立了它的企業社會責任（CSR）部門，負責大量牽涉不同利益相關者，包括環境、供應鏈、社會及商業區域、文化及電影的永續發展專案。

Gucci 產品講究高級手工及優良品質的企業文化，日漸與經濟、社會以及環保原則融合為一。

2004 年，Gucci 成為其領域的佼佼者，它是首批開始進行全生產線企業社會責任自願認證（SA8000）的公司。Gucci 始終特別關注於永續價值，以負責任的態度面對公眾、景觀、環境與社區。

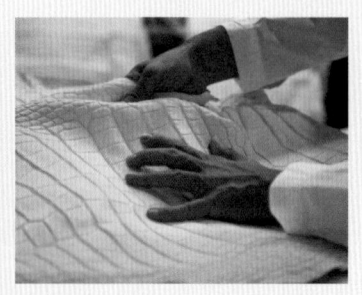

優質手工始終是 Gucci 品牌的關鍵要素，已與社會及環境的負責任做法結合。

事實上，Gucci 發起許多與環境永續相關的專案，例如：使用更環保的包裝、採取獎勵措施以激勵員工及配送貨物多使用電動車、降低紙張及塑料的消耗量，以及為二氧化碳排放做彌補。這些專案不但與全供應鏈可追蹤性的承諾相關，同時，Gucci 也關心同商業區域的中小企業，並與它們合作多年。

2012 年，Gucci 與義大利環境暨陸海保護部（the Italian Ministry of the Environment and Protection of Land and Sea）簽署了一項自願性協議，目的是為了評估某些 Gucci 的招牌商品對於環境的影響，並計算所謂的「生態成本」（eco-cost），以便落實經法律及國際標準認證的生產過程及產品。Gucci 不但是奢侈品產業中第一家簽署這類協議的公司，更承諾會測量並著眼於降低其製造供應鏈的二氧化碳排放量。

2013 年，Gucci 推出了綠地毯挑戰（Green Carpet Challenge, GCC）系列服裝，這一系列作品是建立於該領域可追蹤性及生態永續性的新認證標準之上。事實上，Gucci 的綠地毯挑戰系列，是時尚產業首度將避免濫伐的巴西亞馬遜森林之皮革所製成的皮包，都提供一本可追蹤生產歷史，從動物出生到美麗的成品的護照。這些皮包所使用的皮革，是從經過雨林聯盟（Rainforest Alliance）認證的養殖農場而來，而雨林聯盟負責建立起符合社會正義及牲畜養殖道德的環境標準。

2013 年，Gucci 同時創辦了「希望響鐘」（Chime for Change），一項提升婦女權益意識並為其募資的新公益活動，旨在召集、團結並強化所有資源為全球婦女發聲。6 月 1 日在倫敦舉辦的「改變人生之音」（THE SOUND OF CHANGE LIVE）慈善演唱會活動，即為協助募集款項以支持全球 210 個為婦女權益福祉設立的專案計畫。扣除稅金之後，這場演唱會共募集到 390 萬美元，得以支持希望響鐘在教育、健康、公義三大重點領域的專案計畫，並分配給 81 個國家中 84 個非營利性質的合作夥伴。

有些獨立設計師也致力於爭取「商業真相」（business of truth），亦即更負責任的供應鏈以及更透明的消費者傳播。身為品牌的發言人，獨立設計師通常有更高的自由度與更多的空間可賦予品牌人性，相形之下，更容易去鼓舞並激勵那些願意傾聽、閱讀設計師所言所述的消費者。在朝此方向邁進的獨立設計師之中，又以比利時品牌 Honest by. 首席執行長布魯諾‧皮特斯（Bruno Pieters）最為知名。

布魯諾‧皮特斯 2013 年在 TED 的演講──「商業真相」

我的人生目標是成為一個有人性、有同情心的人。我如何實現這個目標？我在人際關係、飲食、消費以及工作上，都努力實現人性的目標。在我的工作上，我認為自己做出了最大的改變：成立了 Honest by.。我在去年1月時推出 Honest by.，它是全世界第一間百分之百透明的公司，提供消費者歐洲生產的永續時尚，與他們分享所有的產品資訊，從原料的起源到完整的價格計算，甚至包括我們加上去的利潤。我創辦 Honest by. 的原因是，從消費者的角度來考量，這就是我想要的東西；我相信消費者需要這種層級的透明度，才能夠做出正確的選擇、更人道地進行消費。

目前，我們是唯一一個對公眾提供百分之百透明度的品牌。身為公司的首席執行長我感到很快樂，但身為一位消費者則不然；因此，我個人試著藉由只購買某些產品，是與我的價值同步、與我的主張同調的品牌所生產的產品，來幫助其他公司轉變成越來越關注永續性的發展，並提高它們的透明度。當我去購物時，我一定會詢問在那裡工作的人員相同的問題：產品是誰製造的、在哪裡製造、如何被製造，因為我想了解自己花錢買到什麼樣的東西，以及我的購物支持到哪個企業、團體等。

我所學到的另一件事，就是如今最重要的事，除了愛之外，就是金錢；這並沒有什麼不好，金錢已成為一種每個人都可以理解的通用語言，如果我們能學會好好說它，它就可以成為一項強大、正面的工具，促成某些改變。當然有些時候，我也會懷疑自己的購物堅持到底能夠改變什麼？但是我會讓自己記取人類為了金錢所做過的所有瘋狂事情：我們虐待我們的孩子、動物，或者濫用環境資源，有時只是為了讓某人多賺一美元或一歐元，這就是為什麼每一次的購買都那麼重要，也是為什麼每一個人都那麼重要。

每一個人都很重要。

最後，我想引用甘地的話作結：「要改變世界，先從改變自己做起。」

來源：可於下列網址查看上述演講的文字紀錄稿
http://www.honestby.com/en/news/150/ted-speech-full-transcript.html（Bruno Pieters 2013）

時尚觀點總結：
與多方利益相關者共創平衡

要強調的基本概念是，在一系列針對時尚產業不同的利益相關者所採取的連貫行動中，傳播責任應該是最後一項步驟。為了取信於消費大眾，品牌必須以符合特定宣傳推廣活動的具體作為，去支持各項的宣傳推廣活動。一個負責任的品牌，會樂意與多方利益相關者——環境、社會、藝術、文化、商業區域，透過媒體與消費者共創平衡。

為了看到具體成果，企業必須從以往的做法，隨機推出多種個別產品以及出其不意的廣告活動，轉變為持續、連貫一致的行動，把整個價值鏈中的所有利益相關者、整體的道德及美學等皆納入考量。唯一往前邁進的方法是成為部分的解決方案，而非成為問題之一。

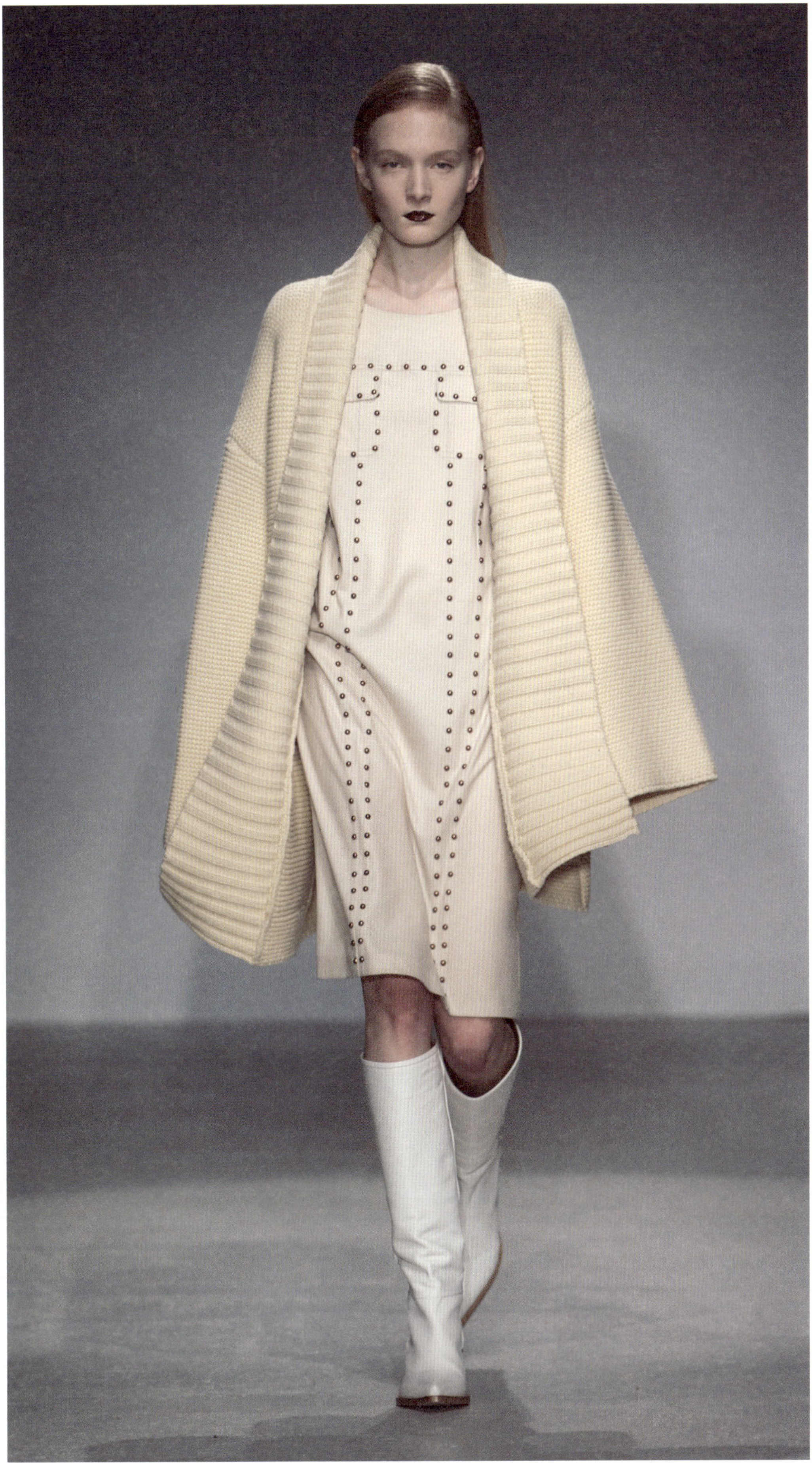

case #3 Veronique Branquinho
薇洛妮克・布蘭奎諾

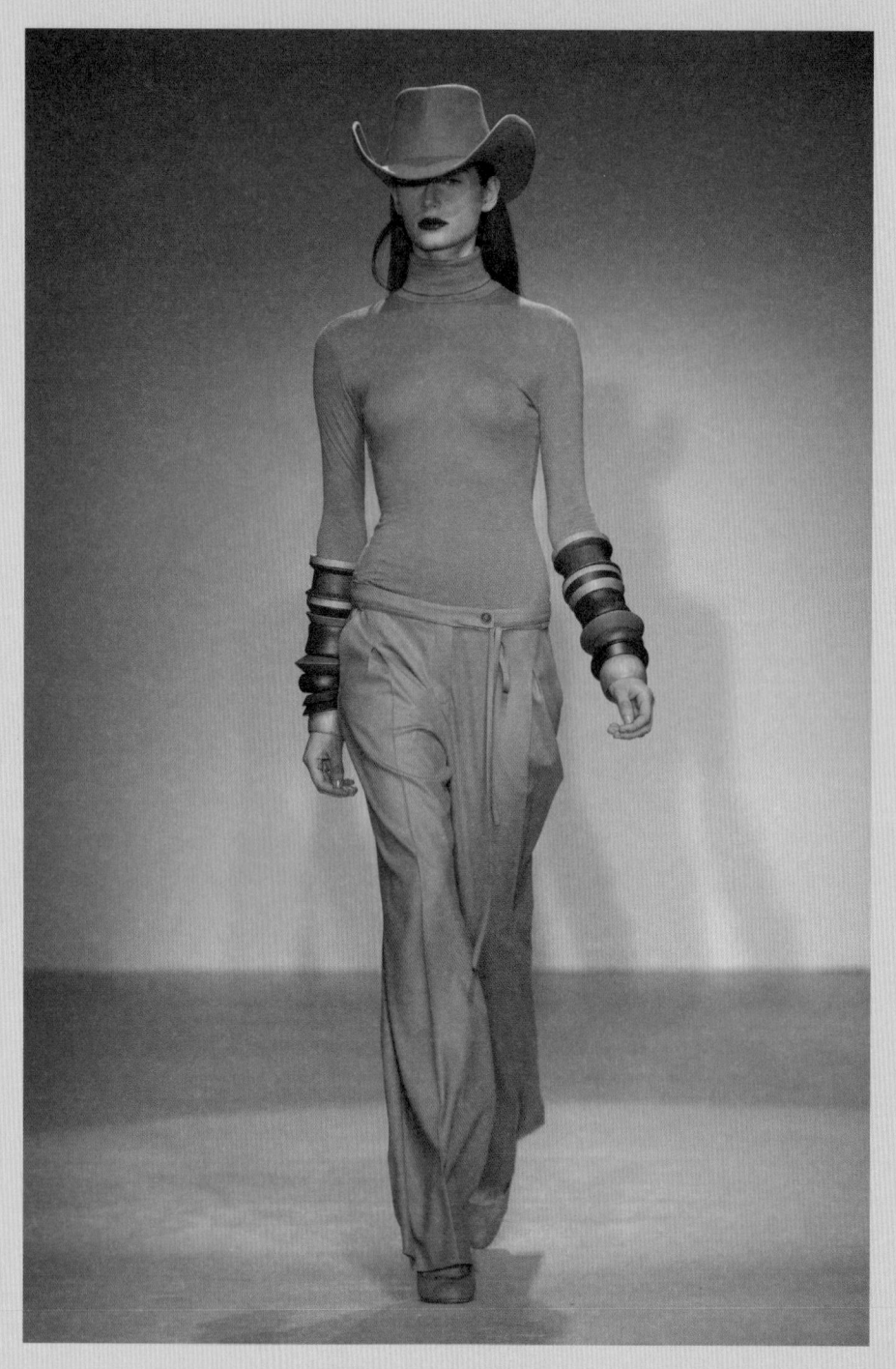

採訪／楚依・莫爾克

"我想用自己的方式去完成。"

以巴黎成衣起家的獨立設計師 —— 薇洛妮克·布蘭奎諾

薇洛妮克·布蘭奎諾擔任獨立時尚設計師的資歷已長達十年以上。薇洛妮克出身安特衛普,以巴黎成衣時尚週打出響亮名聲,為義大利皮革公司 Ruffo Research、3 Suisses 以及內衣品牌 Marie-Jo 設計作品,也為 Delvaux 擔任創意總監。但在 2009 年時,因為財務問題不得不關閉公司。

接著在 2012 年,薇洛妮克在巴黎捲土重來,大受粉絲及評論家歡迎;義大利服裝製造商 Gibo(現在為 Onward 奢侈品集團旗下公司)很快就決定投資她的品牌,《紐約時報》的時尚評論家凱西·霍林(Cathy Horyn)看到她在巴黎的 SS14 系列作品之後,寫道:「布蘭奎諾小姐尚未失去她令人激動戰慄的神奇本事。」

你從安特衛普的皇家藝術學院時尚學系畢業後,隨即成立了自己的品牌,當時,你已經準備好面對時尚的商業現實面了嗎?

當然還沒準備好。我想只有一個方法可以學到如何面對,就是創造一系列的時尚作品,無論如何,這很困難。我開始創業時有商業夥伴,並非只憑一己之力,然而,保有我的藝術自由是合作的條件之一;而且有時候,別同意你的商業夥伴提出的所有建議是很重要的。我仍然對某些討論記憶猶新:我們要參加品牌滿坑滿谷的商品展覽會嗎?或是,我們要自行展示這些作品嗎?我深受上一代的比利時時尚設計師啟發(像是 Dries Van Noten 以及 Ann Demeulemeester),他們始終堅持自己特立獨行的方式。

case # 3 Veronique Branquinho

時尚學校應該把商業納入課程當中嗎？

我不確定。你需要才華去創造出作品，然而商業方面也同樣需要才華。因為很少有人能夠結合這些特質，或許身邊圍繞著對的人，或者在時尚界有堅實的網絡關係等，反而才是更重要的，遠比相信自己可以獨力完成一切要來得好。除此之外，你也沒有時間去顧到每一件事。

從早期職業生涯開始，你接受像是 Ruffo Research、之後還有 3 Suisses、Marie-Jo 等品牌的設計任務案，你可以詳細說明這些合作案嗎？

這樣的合作是一種典型的雙贏局面。身為獨立設計師，你有機會展示自己的作品、贏得品牌知名度。舉例來說，3 Suisses 的設計工作讓我得以接觸到其他市場，結果讓許多人認識我。財務方面也同樣重要，你需要錢來經營自己的業務，在所有我所從事的合作案中，我都相當感激自己可以成為一部運轉良好的機器中的一環，只需專注於創意的部分。同時我可以學到很多，像是在 Ruffo Research 學到如何處理皮革、在 3 Suisses 學到如何在嚴格的價格範圍內作業。

2009 年，經過整整十年在業界的奮鬥之後，你關閉了你的公司。這項決定有多麼艱難？

艱難到令人無法置信。我從零開始創造出一個時尚品牌，拚命工作，覺得自己要對整個團隊負責。但是我沒有選擇。當時全球的經濟危機啟動了一種惡性的循環：你生產出一系列作品，但客戶申請破產或是沒辦法付款；同時，你還得投資你的下一個系列作品；賣得少，單價就會比較貴，因為數量縮減了；最後得決定讓團隊裡某些人走，因為你無法支付他們的薪資……人們很容易忘記這一點：即使是較小型的系列作品，所需要的工作量其實是一樣的。因此，對我跟我的團隊來說，工作量逐漸變得難以負荷。我一年要推出四次新作、一條完整的鞋款產品線，以及為了品牌知名度而承接的所有專案計畫與合作案，那些都是很好、很有趣的專案計畫，但是工作量也相當大。為了讓收支平衡，我還接了在維也納應用藝術大學（University of Applied Arts Vienna）時尚學系一份教學的工作。

最後，我甚至設法把一位專業經理人帶進公司，但是並沒有成功。我已經無法應付這一切了，不但精疲力竭至極，而且失去了動力。

2012 年，你的復出獲得高度的宣傳報導並大受歡迎。你對此有感到驚訝嗎？

2009 年時，我還無法想像自己可以捲土重來，之前的那些年還讓我餘悸猶存。然而兩年之後，很高興能重新找回某些原本從我生命中消失的事物：我是時尚設計師，我想創造作品，但我絕不想再憑一己之力重新來過。我已經經歷過那一切。

我開始考慮某些選項。我與 Iris 公司（曾經生產我的鞋款作品長達十五年之久）的關係，讓我有機會接觸到義大利服裝製造商 Gibo；現在，這兩間公司都已成為 Onward 奢侈品集團旗下的成員。要跨出這一步對我來說並不容易，以往我都在非常獨立的情況下工作，現在我得學會妥協，但它的回報是值得的，我可以擁有不可思議的創作自由，而毋須去擔心生產、人力、銷售、經銷等事項，我可以專注於創作。當然我也有責任，不能只採用最好、最昂貴的布料，即使這是一系列作品的設計邏輯。

在我看來，唯一的缺點就是必須設計早春系列，亦即郵輪系列（cruise collection），使得一年有四次，而不是兩次的作品期限要趕。當然我可以理解，Onward 集團有相當大的產能，客戶當然會想要早點拿到服裝，誠然要兼顧不同的期限也相當不容易。

如果得提供一項建議給有抱負的設計師，會是什麼樣的建議？

追求你的夢想。幾年之前，我可能會回答你：「跟著你的夢想走，別妥協。」然而在境況艱難的時期，我會建議試著在你的藝術誠信與選擇之間找出一個平衡點，讓你的工作仍然可行。

" 在你的藝術誠信與選擇間
　 找出一個平衡點，
　 讓你的工作仍然可順利進行。"

case # 3　Veronique Branquinho

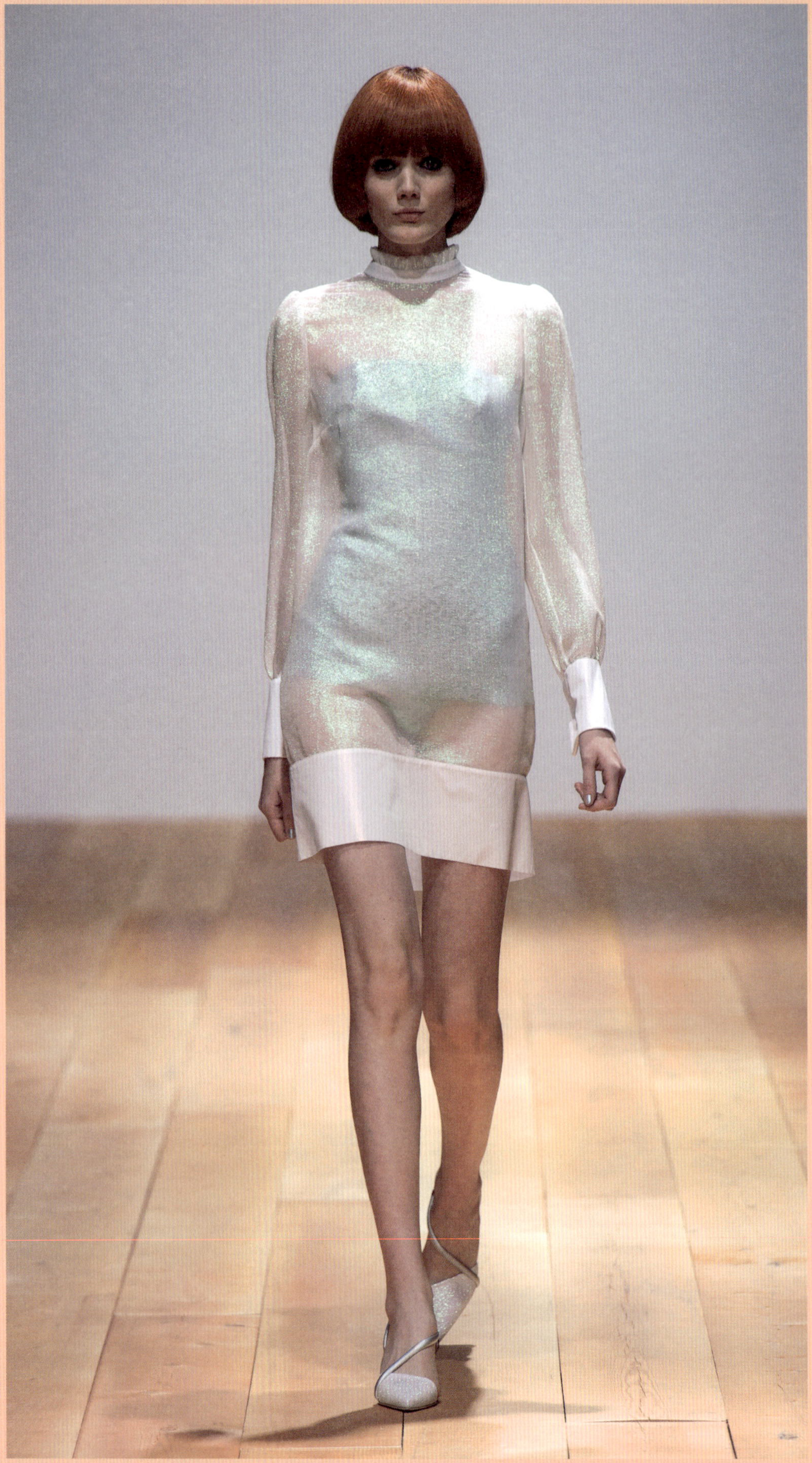

INTERNATIONALIZATION STRATEGIES OF THE FASHION INDUSTRY

第四堂
時尚產業推向國際的實戰策略

華特‧范‧安德、瑪莉斯‧德摩爾、安妮克‧舒拉姆
Walter van Andel、Marlies Demol、Annick Schramme

時尚產業全面推向國際化

全球化的結果,使近年來國際貿易的領域日漸開放。在科技及數位媒體方面呈現指數級成長,使得來自世界各地的企業都能互相溝通、合作以及競爭。法蘭德斯時尚產業中有許多資金、管理及時間資源都非常有限的中小企業,仍然成功地將它們的營運活動推向國際化市場。時尚品牌的國際化顯見於多個層面,國外市場的擴展是其中之一,還有價值鏈的國際化,從創造、外包到製造、經銷,行銷則是另一場更為根本性的演進過程。過去的二十年間,時尚品牌的國際化以前所未見的速度擴展,有幾項要素促成了這項發展,同時也受到各種推力與拉力因素的推波助瀾。

時尚產業中首要且最普遍的國際化面向,當屬從國外採購原物料、成品或半成品的做法。時尚產業的國際化外包及製造活動由來已久,主要受經濟誘因的驅使,時尚品牌試圖利用尚未開發國家低廉的勞動力成本。其次最顯見的國際化面向,則是藉由直接出口、與國外的當地商業夥伴合作,甚至透過國外市場中的零售店運作等方式,將銷售活動擴展至國外市場。

本章描述了獨立及高端時尚產業的全球化現況,並且概述國際化生產及銷售的主要地區。除此之外,還提供了對國際化過程、助力及阻力的深入洞察。最後,藉由近距離檢視商業模式以及國際化對其所帶來的影響,詳述國際化的營運管理。

全球市場趨勢 —— 歐盟及美國為主要服裝銷售市場

紡織品及服裝的世界貿易量日趨成長。根據世界貿易組織（World Trade Organization）統計，在 2011 年，紡織品及服裝的世界出口總量總值已達 7,060 億美元，與前一年相比成長了 70%，顯示國際貿易及生產的大幅增長。前十名的出口國家中，每一個國家都呈現出 13% 以上的成長幅度：孟加拉的成長幅度最大（27%），中國則為當年度紡織品及服裝最主要的出口國，占全世界紡織品出口量的 32%、服裝出口量的 37%。

國家	紡織品*	服裝*
中國	94.4	153.8
歐盟 27 國	76.6	116.4
印度	15.0	14.4
土耳其	10.8	13.9
孟加拉	1.6	19.9
美國	13.8	5.2
越南	3.8	13.2
韓國	12.4	1.8
巴基斯坦	9.1	4.6
印尼	4.8	8.0

表1 | 2011 年紡織品及服裝的主要出口國家[1]
/ * 單位：十億美元

在銷售方面，又是另一番不同的光景。歐盟及美國是服裝的主要市場，分別占世界進口量的 45% 及 21%。然而高端時尚商品的銷售，似乎是以某些特定的「時尚之都」為主。時尚之都是指在國際時尚潮流上有巨大影響力的都市，也是時尚產業的重鎮，在這裡舉辦的活動——包括時尚產品的設計、生產、零售，時尚週及頒獎等時尚盛會，以及時尚相關的貿易商展會帶來顯著的經濟產出。這些時尚之都往往是商業、金融、娛樂、文化和休閒活動的交會樞紐，具有國際公認獨特且強烈的識別特色[2]。

時尚重鎮逐漸轉移至世界金融中心 —— 紐約及倫敦

全球語言監測機構（Global Language Monitor, GLM）發布了世界頂級時尚之都的年度排名。這間機構以它的敘述追蹤技術（Narrative Tracking technology）分析了網際網路、部落圈、排名前 25 萬名的印刷及電子新聞媒體，以及展露頭角的社群媒體來源，例如推特；這項技術可以追蹤時尚相關字眼、詞彙及概念，在全球媒體中所出現的頻率、在上下文中的使用及露出的情況，最後導出重要性的排名。下頁表 2 即顯示 2012 年排名前 15 大的時尚之都。有趣的一點是，我們可以觀察到近年來，倫敦與紐約始終走在時尚的尖端、居於主導地位，遠勝如巴黎和米蘭這樣歷史悠久的時尚設計中心。這似乎反映了一種時尚的轉變：時尚重鎮漸從設計上最悠久歷史的中心，逐步轉移至世界最主要的金融中心。

[1] 資料來源：世界貿易組織 2012。
[2] Gemperli, N. (2010) Fashion World Mapper: Your City on the Trend Radar. Master Thesis, University of the Arts Zurich, Zurich.

擬定專屬的國際化策略 ——
近期趨勢「天生全球化」

時尚企業以不同方式執行國際拓展策略，國際化理論即試圖解釋，為何企業決定在它們的本地市場之外執行銷售策略，並描述它們為此而發展出來的方法和架構。國際商業方面最早的科學性刊物源起於1950年代及1960年代，當時美國企業正擴展它們的活動至別的國家，尤其是歐洲及亞洲。從那時起，受到國際企業家精神的機會及可能性快速發展的刺激，許多新的見解也隨之出現。以時尚產業的情況來說，最近的重點在於所謂的「天生全球化」（Born Global），意指企業從創業階段初期，就開始直接、廣泛地出口產品到數個市場[3]。

一項法蘭德斯時尚品牌的研究顯示，在品牌國際化的經銷及銷售方式上，品牌的區隔及生命階段都極為重要[4]。就品牌的國際化策略而言，獨立設計師品牌以及中階市場與商業大街品牌，這兩個市場區隔之間存在著重大差異性。

國際化企業生命週期的 4 大階段

再者，企業處理國際化的方式，與它們處於生命週期中的哪個階段有高度的關聯性。根據哈果[5]對於創意及文化組織生命週期的看法，可將週期分為四個階段。第一個階段是構想階段（idea phase），組織以藝術的領導地位與想法為中心；這個階段最多可持續長達五年，此時，國際化的過程對於組織來說，僅為反覆嘗試並從錯誤中學習的實驗，因為國際時尚週及展會所費不貲，年輕設計師往往缺乏成功將品牌帶入新市場的實際知識。第一個階段之後接著是第二個結構階段（structure phase），在藝術活動與策略活動之間劃出了一道分界線，組織發展出生產及經銷國際化的策略性願景。

最後，當組織確立自己在產業中的地位，便進入了策略階段（strategy phase），激發出藝術上著眼於未來的新主張，舉例來說，數個國際性的目標市場，或是與國外商業夥伴的合作案。據哈果所述，最後一個階段是歡慶階段（festival phase），這個階段逐步發展出團隊合作與創新專案。當組織非自然地發展至下一個階段，就會產生危機。哈果的看法類似格雷納[6]的生命週期模式，被描述為一連串的危機。根據格雷納的說法，

排名	城市
1	倫敦（1）
2	紐約（2）
3	巴塞隆納（7）
4	巴黎（3）
5	馬德里（12）
6	羅馬（13）
7	聖保羅（25）
8	米蘭（4）
9	洛杉磯（5）
10	柏林（10）
11	安特衛普（44）
12	香港（6）
13	布宜諾斯艾利斯（20）
14	峇里島（21）
15	雪梨（11）

表 2｜2012 年排名前 15 大時尚之都，括號內數字為前一年排名。

[3] Rasmusen, E. S., & Madsen, T. K. (2002) The Born Global concept. In: SME internationalization and born globals – different European views and evidence. Presented at the 28th EIBA Conference 2002, Athens.

[4] Demol, M., Schramme, A., & Van Andel, W. (2013) Internationalisering van de Creatieve Industrieen in Vlaanderen. Case: De Vlaamse Mode-industrie [Internationalizing the Creative Industries in Flanders. Case: The Flemish Fashion Industry]. Leuven: Flanders DC – Antwerp Management School kenniscentrum.

[5] Hagoort, G., Thomassen, A., Kooyman, R. (2007) Pioneering minds worldwide. On the entrepreneurial principles of the cultural and creative industries. Utrecht: Eburon.

組織生命週期中的每個階段在演進到下個階段之前，都會以一場典型的危機作結。這些年來，已有許多理論發展出來，說明時尚企業如何將它們的營運及銷售推往國際化。

然而，以往的研究幾乎完全把焦點放在大型的跨國性組織，主要為服裝連鎖店及奢侈品企業以及它們的國際化策略。但大多數的獨立設計師並沒有那麼龐大的組織架構，市場也比較小，因此跟他們的跨國同行受到不一樣的因素所支配。好在過去數十年間，許多有趣的模式與理論已經讓我們能夠有系統地理解並闡述中小型時尚企業的國際銷售過程。本節將討論 1977 年由約翰森與瓦爾尼提出的烏普薩拉模式，之後又加以修改，以確保這個模式與時並進的適用性；以及 2002 年由拉斯穆森（Rasmusen）與麥德森（Madsen）提出的天生全球化理論（Born Global Theory），還有國際化銷售過程中的推動助力及障礙阻力。

烏普薩拉模式

瑞典學者簡・約翰森（Jan Johansson）及簡-埃里克・瓦爾尼（Jan-Erik Vahlne）發現，大型及小型企業的國際化過程往往是漸進式的，有著不同的階段。他們的「烏普薩拉模式」[7] 指出，隨著企業在新市場獲取的知識越多，它們對這些新市場的承諾也會增加；前者的發生，主要是經由經驗的累積。

根據這個模式，企業國際化其銷售活動時會遵循特定的過程。它們在單一國內市場營運一段時間之後，會傾向以直接出口方式展開它們的國際化活動。而當它們透過中介商，例如代理商或經銷商的出口量漸增，所累積的市場知識與承諾也隨之增加，使得這些企業會開始藉由在這些市場設立自己的銷售子公司，承擔更進一步的承諾。如此一來，這個活動的循環結果，便可作為下一個循環的開始。整體而言，烏普薩拉模式顯示對某特定市場所增加的承諾，將導致企業增加對該市場的新知識，於是又導致投入更多的承諾……如此不斷循環下去。

[6] Greiner, L. E. (1998) Evolution and revolution as organizations grow. In: Harvard Business Review, 76 (3), 55-68.

[7] 烏普薩拉模式（The Uppsala Model）是瑞典 Uppsala 大學的 Johanson 和 Vahlne 在分析瑞典企業國際化過程的基礎上，提出的漸進式企業國際化理論。

選擇「心理距離」較短的國家為試腳石

「心理距離」（psychic distance）是這個模式中的一項重要概念，也就是企業所認知自身與某個國外市場之間的距離。心理距離不同於地理距離（geographical distance），是由語言、文化規範及價值觀念、政治體制、教

育程度、工業、經濟發展水準等各方面的差異而決定。約翰森及瓦爾尼對此的結論是，企業會先專注於文化與自己本國相似的國家作為它們國際化的試腳石，亦即傾向於選擇心理距離較短的國家。

成功擴展至新地區的重點 —— 在關係網中建立信任

至於國際化過程中遞增或漸進的特性，可以下列事實來說明：隨著企業對國外市場的知識日漸累積，心理距離日益縮短，於是對該市場的承諾也隨之增強。舉例來說，許多設計師在國際化銷售方面，一開始會先與銷售代理商或經銷商合作，而且只在品牌集合店銷售他們的產品；一旦他們越來越了解這個市場，包括它的顧客及競爭者，下一步往往是為某些市場或地區聘雇獨家經銷的人員。在這個模式最近的修改版本中，約翰森與瓦爾尼認為與相關網絡有關聯的「局外人地位」，也為企業在國外市場的擴展上增添了不確定性。因為目前的商業環境可被視為一張關係網，而非有著眾多獨立供應商及顧客的新古典主義市場（neoclassical market）；企業是否歸屬於正確的網絡關係之下，對於它是否能成功擴展至未知的領域，有著關鍵性的影響。在這些網絡中建立信任，以及經由外部關係發展出來的知識創建，都是額外的改變機制，對於在國外商業區域中是否能成功地攻城掠地具有決定性的影響。

知識匱乏（knowledge deficiency）被認為是國際化過程的主要抑制因素。知識可區分為三種類型：商業知識（business knowledge）、制度知識（institutional knowledge）以及國際化知識（internationalization knowledge）。商業知識指的是關於國外市場競爭者及顧客的知識；制度知識包括了那些市場的法律、語言、規範和標準的資訊；國際化知識是指組織從先前的國際化經驗中所獲取的知識。對於這些地區（或其中之一）的知識不足將導致一種有瑕疵的國際化過程[8]。

研究顯示，許多商業大街及中階市場區隔的品牌，其國際化過程仍然遵循著烏普薩拉模式的途徑 —— 即便這個模式的原型已超過三十年之久。不可否認的事實是，隨著市場的改變，國際化過程的策略性決策也逐漸改變，網際網路與全球化已迫使企業不得不改變營運方式，以便因應節奏快速的環境[4]。

[8] Eriksson, Johanson, Majkgard & Sharma 1997.

天生全球化模式

近期的第二種解釋國際化過程的理論，被認為與高端獨立設計師更相關，亦即「天生全球化」的概念。如前所述，在今日節奏快速、高度競爭的環境下，時尚企業所面對的營運情境已與過去數十年來設計師所面對的情況大相逕庭，必須找出快速國際化的方式。根據天生全球化理論，建立網絡及關係是實現這個目的的關鍵要素。典型的天生全球化企業把全世界視為一整個可行的市場，與其遵循一種漸進的國際化進程，企業在初期階段就展現出一種強烈的國際化承諾；因此，它們往往會同時專注於地理距離遙遠的市場，或是同時致力於好幾個市場。天生全球化的企業傾向於只把國內市場當成是國際化活動的一種支援。

在這種情況下，在國外市場中強有力的個人網絡以及先前的經驗，對國際化取向的新創公司是極為重要的推動力。這些企業成功的祕訣在於它們的網絡深具獨特性。天生全球化企業同時參與各種不同的專業關係，擁有大量的弱連結（weak ties）[9]，這些弱連結就是它們成功的關鍵。根據它們所面對的每個新市場狀況不同，天生全球化企業對改變保持著開放的態度，並且不斷調適著國際化的過程；它們熱衷於即興發揮，視擴展過程為一種反覆試驗的學習。最後，天生全球化企業傾向於先進入與它們的網絡有連結的市場，而非先針對最大或是最有利可圖的市場。

擴展至新市場的進入模式

在擴展至新市場時，時尚企業可以選擇幾種不同的進入模式，而這些模式可依其承諾程度的不同，由低至高依序排列如下：

低承諾度 →	中承諾度 →	高承諾度
經銷商	收購／合併	全資子公司
代理商	合資企業	- -
直接出口	特許經營權	- -

表 3 ｜ 進入模式的選項

低承諾度進入模式 ── 找代理商或經銷商

低承諾度進入模式（low-commitment entry mode）即有仲介商，例如代理商或經銷商，或是無中介商可直接出口的批發協議（wholesale agreement），

---

[9] 「弱」連結與「強」連結（strong tie）的概念源起於社會學的網絡理論（network theory）。弱連結是幾乎不需要互動、情感以及時間的人際關係，強連結則是與朋友及家人的關係，互動、情感以及時間極為重要。網絡越多樣化、異質性越高，連結就「越弱」，其中可取得的資訊也越多；而由「強連結」組成的網絡，成員們分享著特定的社會及文化背景，使得該網路越來越難以接觸到不同來源的資訊或取得不同型態的支持。

這類的進入模式是在不確定性極高的情況下所做的選擇，因企業會盡可能讓風險越低越好。舉例來說，代理商或經銷商可確保企業能在不同市場執行商業活動，而不需把它們的業務完全與這些市場整合在一起；實際上，這種做法能防止企業承擔的風險過高。大部分高端設計師及中階市場品牌在進入一個新市場時，會採用這類的策略。例如年輕的比利時設計師金．施通普夫（Kim Stumpf）與一位國際銷售代理商合作，因為她既未具備遠方市場的知識及可能的客戶網絡，也沒有時間或財力走遍全球各地、拜訪並追蹤可能的客戶以及有興趣的聯繫人。

中承諾度進入模式 —— 收購、合資、加盟

中承諾度進入模式（medium-commitment entry mode）大多涉及一位在地的合作夥伴，通常在進入一個相當困難或文化隔閡深的市場時採用。策略性收購（acquisition）的情況下，一間公司接管了一間全面營運的公司，後者對於前者想進入的市場有充分的了解與認識。合資企業的情況則是一間公司與一間或多間的在地公司合作銷售活動，如此一來，他們可以互相交流國外業務的實際技能與專業知識、分攤風險及成本，但仍然對各自公司保持著足夠的控制權。最後一項常見的中承諾度選項是特許經營權協議（franchise agreement，即特許加盟協議）的概念，亦即一間商店或品牌（特許授權人 franchisor）移至國外，由在地經營者（特許經營人 franchisee）為其執行業務，以換取酬金費用或其他財務上的安排。大部分獨立設計師對自己的識別及形象情有獨鍾，因此較不傾向於採取合併或合資的方式；雖然特許經營權是國際時尚界較常見的進入模式，比利時品牌仍極少有分布於國外的特許加盟店。

高承諾度進入模式 —— 成立子公司

當企業涉及最高承諾度（highest levels of commitment）、成本及控制度，它們會開設自己的國外子公司，方式從全資子公司到低成本高風險的選項，例如百貨公司的店中店都有。倘若選擇後者，品牌就得為營運結果承擔全部的責任，但好處是不需要投資於昂貴的零售空間。在國外擁有旗艦店的比利時設計師極少，只有法蘭德斯名聲最響亮的設計師，例如 Ann Demeulemeester 或 Dries Van Noten，才有他們自己的國外旗艦專賣店。

這裡要指出的重點是，企業可以在不同市場採取不同的進入模式，如此一來它們能從事多種活動的經營，同時分散風險；此外，它們還可以分別對每個市場運用最佳的進入模式以及國際化策略。第二項重要的觀察

是，許多時尚企業在不同階段擴展它們的銷售活動：首先透過不同的企業對企業協議（business-to-business agreement），例如直接出口或者借助代理商或經銷商；接著透過承諾度更高的進入模式，像是合併或者甚至完全或部分擁有的子公司。批發的方式提供企業不需大量投資即可進入新市場的機會，也讓它們可以從容地測試市場、建立品牌形象、與顧客建立關係。當企業認為自己對於該市場的所知以及涵蓋範圍已經足夠時，就可以提升它的承諾度，繼續往前邁進。

國際化經銷需求遠超於本地市場

對許多時尚設計師來說，產品銷售的重點並非僅侷限於本地市場，因為本地市場對設計師時尚的需求往往不大，而且競爭極為激烈，迫切尋求國際化銷售是很常見的，即便在企業發展的初期就是如此。許多這類設計師即屬於所謂的「天生全球化」，他們不僅感受到走向國際化的需要，往往也渴望能在重要的時尚熱點獲得成功，像是巴黎、米蘭、倫敦以及紐約。追求國際化銷售的其他動力，還有來自國外市場經銷商對產品的興趣，像是透過時裝秀的展出，以及特定國際市場與設計師品牌特色之間天生的契合度；最後，成長幅度很大的市場像是金磚國家巴西、俄羅斯、印度、中國和南非，因為購買力的提高以及對西方奢侈品的興趣日增，對時尚設計師的國際化銷售會形成極為關鍵的拉引效應（pull-effect）。

在法國時尚零售商國際化方面的研究[10]顯示，國際化的動機取決於企業的年齡以及它想進入的國外市場。年輕的零售商在國際化過程中往往更為積極主動，為其他國家的商機所吸引、驅策，不像原本已在市場上營運的企業，只是為了因應國內市場的侷限而尋求國外市場的擴展。一般來說，積極主動的企業也會採用更為積極的策略進入新的市場。

同時「推動」與「拉引」是企業國際化擴展的主因

倘若我們把這些看法見解套用到前述的國際化理論中，或可說天生全球化企業多採用主動出擊的策略，相形之下，以本地市場為主的企業，對於國際化的態度是較為謹慎而漸進的，採取的方式較為被動。主動和被動做法之間的區別，與推拉二分法（push-pull dichotomy）有關。高度競爭、規模較小的市場往往被列為時尚企業走向國際化的推動因素（push factor），而拉引因素（pull factor）的例子則包括了國外的大型或小眾市場，

---

10 Moore, C.M. (1997) La mode sans frontieres? The internationalisation of fashion retailing. In: Journal of Fashion Marketing and Management, 1 (4), 345-356.

以及國外市場中有利的經濟條件，這些推動及拉引因素通常會同時作用。除非國外市場的機會並未「拉引」這些企業往國際市場靠攏，否則光是「推動」企業往國外發展的因素，對國際化擴展來說理由並不足夠充分。

國際化銷售的 2 大障礙 ── 高成本與知識不足

高昂成本是國際化銷售的一項致命障礙，特別是對年輕設計師而言，要在國際市場中讓他們的產品曝光，必須投入無數的時間及資源。舉例來說，在國際時尚週的時裝秀及展售間的費用龐大，使得這些新手設計師想進入國際市場越發困難，因為他們一來沒有龐大的儲備金，二來產品的投資回報率變數仍高。

國際化銷售與經銷的第二項障礙，是對於基本問題的知識不足，例如對於國外市場，包括商業知識及背景知識以及國際業務整體性執行的知識。發現並進入新市場，往往伴隨著極大的不確定性，而前述的國際化理論強調，知識的缺乏是銷售活動國際化的主要障礙。雇用一位熟悉當地市場情境的代理商，可以產生一定程度的幫助，但也必須投資時間與金錢，才能找到一位正確的代理商、訓練這位代理商了解設計師的基本細節及價值、並監督他的做法。

最後，追求國際化的銷售可能會導致某種程度的失控。因為緊密監控國際市場的難度較高，不但品牌形象的重要價值可能會在國外市場產生不同的詮釋，企業對智慧財產（intellectual property）的控制也會減弱，反而將設計及品牌價值置身於盜版的風險之中（參考第五堂課）。

動力	障礙
・本地市場過小，擴展的可能性有限。 ・主要時尚城市的吸引力。 ・來自國外市場的興趣。 ・國外市場及品牌識別的契合度。 ・擁有強大購買力的成長市場或國家。	・成本過高。 ・缺乏商業、國際化及市場環境的相關知識。 ・對於品牌形象及智慧財產的控制力不足。

表 4 ｜ 國際化銷售的動力及障礙

國際化生產的各種挑戰

由於大多數西方國家的勞動力成本較高，再加上經過技術培訓的人員短缺，因此大部分的品牌都把製造業務外包給亞洲、南歐、東歐及北非的供應承包商。關於這些外包活動的決策過程，重點在於優化產品屬性、上市速度及生產成本的組合。

國際供應鏈的協調可說相當具有挑戰性，需要組織機構之間建立起可靠的合作關係，因為這些組織可在全球層級上促進產業內的交流。雖然企業可以從全球供應網絡中獲取顯著的利益，還是得先克服幾項門檻。重要的幾項挑戰如下：

1. 物色適當的國外合作夥伴。
2. 監督並評估國外的製造廠商。
3. 與國外合作夥伴合作與協商。
4. 訓練國外供應商。
5. 文化差異與語言。
6. 因商品延遲交付造成的銷售損失。

要注意的一點是，不論外包所在地為何，上述所列舉的某些風險是外包過程中不可避免的，但是距離會使企業更難以在初期去辨識、解決這些問題。上述的這些挑戰，一般來說可以下列三大類別來加以說明：

1. 後勤支援

國際生產牽涉較長的距離，使得交貨時間（delivery time）更長。而更長的交付週期（lead time），需要的資源更多，問題會發生的機會也隨著提高；舉例來說，延遲交貨可能會對採取彈性庫存（flexible inventory）方式的企業造成不堪設想的慘重後果。因此，快速時尚企業 Zara 選擇將一大部分的產線安置在公司附近，就是為了克服這些後勤支援的問題，並且盡可能對最新趨勢及銷售統計數字做出最迅速的反應。

2. 文化差異

在價值觀、語言、宗教、觀念及習慣上的差異，不但會產生溝通問題，還可能使產品、合約的簽訂以及國際關係的維護等各方面的評估越形複雜。

3. 法規制度

政府法規可能以直接或非直接的方式影響國際化生產。最直接的影響就是關稅和配額，而複雜的政府行政體系對國際化來說，就可能形成一種非直接的門檻。

國際化生產的趨勢 —— 區域性外包

許多獨立時尚設計師所做的工作安排，是把創造、經銷、傳播的部分保留在公司內部，把大部分的生產外包。直到幾十年前，生產通常會在當地外包，或者更確切地說，區域性的外包。然而許多西方國家都看到了各領域包括時尚的貿易能量日漸降低的趨勢，要在區域中找到高品質的時尚生產商越來越困難，因為諸如縫紉、圖案繪製、刺繡等技巧變得越來越少見，這類生產的品質也逐漸不一。再者，由於工資水平的發展，西方國家的區域生產成本也隨著提升；相較於發展中國家，西方國家的高工資造成生產成本上的差距日漸懸殊。

外包生產的阻礙 —— 缺乏足夠商業知識

不過，也還是有幾個障礙阻擋在時尚企業國際化的外包生產之路上。如前面所提到，這些障礙主要與後勤難度、文化差異以及某些特定情境下的法規相異之處有關；獨立設計師在生產國際化上的障礙，同樣適用於企業生命週期的各個階段。然而，營運較成熟的企業可能擁有更易於處理這些挑戰的組織結構及資源；對這些成立已久的企業而言，風險及障礙通常不會比利益來得高，但對新手創業家則剛好相反。最低訂單規模偏高以及對於設計過程中詳細規劃與準備的需求，對新手創業家來說尤其困難。儘管大部分的年輕設計師都是先從有規模的大型時尚企業中獲取經驗，他們往往缺乏成功進行外包計畫的必要商業知識，而且既無資金也無人員可以定期進行抽樣檢查，使得對於生產線的掌控困難重重，額外添加上一項不確定性因素。

新手與老鳥都會遇到的門檻 —— 生產國家的聲譽

新手與經驗豐富的設計師都會遇到的門檻，包括製造商忽略了交貨時間的約定，以及必須投資時間與資源來尋找、訓練新的製造商；另一項深具影響力的因素，即為生產國家在批發商客戶之間的聲譽。不道德的工

作條件,針對特定國家缺乏品質或者政治緊張局勢的認知,都可能會帶來負面的信譽。品牌 BVBA 32(參見 #Case 8 p.216)直到 2013 年都是比利時設計師安·得穆魯梅斯特(Ann Demeulemeester)背後的金主,以及到現在仍支持設計師海德爾·阿克曼(Haider Ackerman),其首席執行長安妮·夏佩爾(Anne Chapelle),提到她的批發商客戶不願購買上面標示著「中國製造」或「土耳其製造」的任何商品,因為信譽的重要性對於高端設計師來說,毫無通融的餘地。舉例來說,2013 年孟加拉幾個生產單位倒塌的災難,就讓所有在低工資國家生產服裝的品牌,在公眾心目中留下了極壞的印象。

動力	阻礙
・本國生產的品質無法保證 ・本地的產能不足 ・本國生產成本過高	・控制品質困難 ・負面聲譽 ・溝通困難 ・交貨時間長 ・較無彈性 ・複雜稅務法規 ・最低訂貨量過大,尤其是對剛起步的獨立設計師而言。

表 5 | 國際化生產的動力及阻礙

如何整合國際化商業模式

在過去幾年中,「商業模式」(business model)已成為相當流行的管理名詞。的確,這個名詞可說是目前最被廣泛運用及研究的策略概念,一個好的商業模式,對成功的組織來說,不論是對新企業或是經驗豐富的經營者,都是不可或缺的要素。有些人甚至認為,透過兩種不同的商業模式將相同的點子或技術帶入市場,會產生兩種截然不同的經濟成果。

但是,這個名詞到底是什麼意思?它的意義一般被認為是不言自明,因此極少有明確的定義被撰寫出來。關於此事,雖然存在多種不同的看法,但最常見的概念是一種鬆散的構想,指出企業如何做生意、如何產生收益。從基本或實用的層面上來說,人們普遍認為商業模式只是對公司如何做生意的一種說明;因此,這個概念指的是一種著重於實行的營運模式,而非財務模式。

我們把商業模式設定為下列定義:商業模式是一個合乎邏輯的故事,說明你的顧客是誰、他們重視什麼,以及你如何藉由提供他們所重視的事

物,而獲取經濟效益的回報[11]。這個定義強調了企業背後的某些基本議題:如何為客戶認定、創造、抓住價值。把重點放在這些元素上便可清楚看出,一個商業模式可視為企業策略的一種操作化(operationalization)即一種應用,也可定義為公司如何日復一日地執行它的策略。商業模式即為許多用來滿足市場認知需求的特定活動,以及這些活動該如何連結在一起的方式。

知名的商業模式研究者拉蒙・卡沙德瑟斯・馬沙聶爾(Ramon Casadesus-Masanell)及瓊恩・李卡特(Joan Ricart)[12] 對商業模式的描述是企業在有關如何運作及其相對應的結果上,所做的大量選擇。企業可以在三種層面上做出抉擇:組織範圍內的政策層面、資產配置層面、企業管理層面。而相對應不同的抉擇所產生的結果,可以是有彈性、藉由其他選擇可以被改變的結果或是嚴苛、不容被改變的結果。

比如說,某位高端時尚設計師所操作的差異化策略,是將自己定位為市場上最奢侈的品牌,以便與其他競爭者做出區別;這項操作化策略便會主導這間企業在供應商(高級織品及優質生產)、銷路(高級零售店)、行銷等各方面做出明確的選擇,而所有選擇也都會產生明確的結果(高價位、有限的商店選項、特定品牌形象等),加總在一起,便形成了這間企業的營運商業模式。

正如我們在本章內容所提到,時尚企業可運用兩項主要的方式提高國際化程度:一方面國際化它的生產,另一方面國際化它的銷售;而不論企業決定選用哪一種方式展開進一步國際化,都會對組織所有的環節產生巨大影響,包括它的商業模式。

國際化生產對商業模式的衝擊

越來越多的時尚企業選擇國際化它部分或整體的生產作業(透過拉引或推動因素、或是兩種因素的結合所驅使),代表一系列的選擇結果。對每個組織來說,這些選擇都是獨特的,更重要的是,它們取決於合作夥伴的基本特性,例如生產的速度及品質、可信賴度、地理位置、監控開發及售價的能力。

正如每個選擇都有相對應的結果,選擇特定的國際化方式會對組織的商

[11] Osterwalder, A. & Pigneur, Y. (2013) Business Model Generation. Hoboken: John Wiley & Sons.

[12] Casadesus-Masanell, R., & Ricart, J. E. (2011) How to Design A Winning Business Model. In: Harvard Business Review, 89 (1/2), 100-107.

業模式帶來顯著的衝擊。卡沙德瑟斯・馬沙暠爾及李卡特區別出三項關鍵考量,以確保企業做出正確的選擇:

- **這些選擇及結果,是否與企業的目標與價值相符?** 規劃商業模式時所做的選擇,應該產生讓組織可以達成目標的結果。
- **這些選擇及結果,是否能夠自我強化?** 規劃商業模式時所做的選擇,應該能夠相輔相成,達成內部的一致性。
- **這些選擇及結果,是否足夠堅實強大?** 這些選擇應有助於提高企業競爭力,並能與時並進,抵禦競爭者的威脅。

國際化銷售對商業模式的衝擊

尋求國際化銷售是時尚企業提高國際化程度的第二種方式。由於本國市場規模較小、擴展的可能性有限,許多獨立時尚設計師都被迫走上這一步。從商業模式的觀點來看,時尚企業可以在兩個全球性的方向間做出選擇:其一,複製它目前的銷售策略,運用於新的國際市場中;其二,重新定位它的銷售策略。每種選擇都會對企業的商業模式產生不同的影響。

複製商業模式的策略

許多組織選擇把它們目前國內的銷售策略複製到國際市場的開拓上。舉例來說,目前主要透過百貨公司銷售產品的企業,可以選擇複製這項策略,尋找國外的百貨公司作為它的銷售管道。這個方式有幾項優點,舉例來說,時尚設計師已習慣於涉及這類銷售管道的流程;然而要注意的重點是,十足十的複製幾乎是不可能發生的,因為每個市場都有其錯綜複雜的運作狀況,需要在某種程度上加以特殊化。鄧福德(Dunford)、帕爾默(Palmer)、以及班維尼斯特(Benveniste)[13] 發展出由四個階段所組成的一種模式,有助於組織在新的環境中成功地複製其商業模式;這四個過程即為澄清(clarification)、在地化(localization)、實驗(experimentation)以及收編拉攏(co-option)。企業可運用這四個階段,進行必要的在地局部調整,同時複製它們原有的商業模式。

闡明:建立商業模式的核心要素

盡早闡明商業模式,是了解企業確實想複製什麼的關鍵。企業及其商業模式背後的核心價值是什麼?在企業策略的每日運籌中,必須做出什麼

---

[13] Dunford, R., Palmer, I., & Benveniste, J. (2010) Business Model Replication for Early and Rapid Internationalisation: The ING Direct Experience. Long Range Planning, 43 (5-6), 655-674. doi:10.1016/j.lrp.2010.06.004.

具體的選擇？為什麼？什麼是定義並闡明組織的主張時，不可或缺的過程？複製國際化策略之前，對這些根本問題進行深入的分析極為重要。

在地化：針對在地情境做出調整

在地化指的是，為滿足在地特定情況的需求而必須做出的改變。舉例來說，在地的法規可能會要求企業改變特定的作法，及其商業模式中較偏向營運方面的業務。比方說，某個在新市場中沒沒無名的時尚品牌需採取不同的行銷做法。要在國家對國家的基礎上運作某個市場模式，重點在於必須針對在地情境的差異性做出相對應的調整。

實驗：嘗試新做法

實驗階段包含創新的做法以及嘗試新過程或新產品，而非原先商業模式運籌中的組成部分。商業模式並非一出現就「完備成型」，而是從最初的概念以及後續持續應用中不斷演進發展而成，這就是持續實驗的重要性；實驗在此意指創新的做法，與前述階段的必要調整比較起來，大致上可以被描述為「非必要性的」，通常可說是企業試圖經由不斷反覆試驗及微調的持續過程中，找出適合每種情境的最佳商業模式配置。

收編拉攏：從他人的經驗中獲益

成功的複製策略，最後一個階段便是收編拉攏，意指源於一個國家的組織實踐及想法，藉由地方化或實驗的方式應用於母國或其他地方的營運過程。在這個學習及應用階段中，對於成功的做法進行持續及深入的評估，將有助於組織微調整體的營運及其商業模式。對於考慮進一步將業務擴展至其他市場的企業來說，這個過程相當重要，因為它有助於企業在基本商業模式要素上的精進與澄清。

重新定位商業模式策略

想同時經營一個以上的商業模式不僅困難，也常被列為是企業失敗的一個主因，然而在許多情況下，企業可能會希望利用不同的商業模式去滿足數個不同的客群。一位時尚設計師在本國市場中透過一間或數間自有零售店銷售他的商品，可以創造出一種與其企業核心價值相符的氛圍，從而為產品的銷售經驗增添另一種層面的價值。然而企業不太可能在國外的市場中重現這樣的情境，因為在國外市場開設零售店並將本地經驗轉換成它們的文化，已被證明是相當困難的挑戰，企業不得不在經銷的管道及方法上另尋它法。

又或者說，一位設計師在本國市場中，將自己的商品定位為針對中階客群的中等價位品牌，但是靠著「國外月亮比較圓」的迷思，它在其他市場中可以被定位成高端的奢侈品牌。比利時品牌 Essentiel 就是這種混合策略的絕佳範例，在大部分的市場中它被定位為中階區隔的品牌，然而在義大利市場，它的銷售代理人成功將其定位於更高階的時尚區隔之中（參考 #case6 p.172）。在這樣的情況下，在不同市場中運用不同商業模式不但有效，甚至是必要的做法。

不過對於組織來說，結合截然不同的策略與商業模式的組合，可能會因為額外的複雜度而增加管理上的難度，從而需要更多樣的組織能力，比方說在銷售及行銷方面以及額外的投資。由卡沙德瑟斯・馬沙聶爾及塔紀楊（Tarziján）[14] 在 2012 年進行的研究顯示，要確定兩種商業模式是彼此互補還是互相替代，管理者應該先考慮下列兩個問題：

- … 這些商業模式可以共享企業主要的實體資產到什麼程度？
- … 經營各個商業模式所產生的資源與能量可以相容到什麼程度？

想成功管理組合複雜的商業模式頗為不易，因為較為常見的狀況是，兩種商業模式並無共同的重要資產、能量及資源。成功運用不同商業模式的關鍵就在於卓越的領導力，能夠做出彈性十足的動態決策，能夠對兩者的整體願景及具體事項的目標建立承諾，在各個層面上主動學習，並且能夠積極化解矛盾與衝突。

[14] Casadesus-Masanell, R., & Tarzijan, J. (2012) When One Business Model Isn't Enough, in: Harvard Business Review, 90 (1/2), 132-137.

時尚觀點總結：擴展國際市場為必經之路

過去的二十年間，全球化已成為時尚界中絕大多數品牌的必經之路。獨立及高端時尚企業已注意到全球消費者的消費形態，並擴展他們的業務至時尚消費力高的地區，往往圍繞著世界主要的金融中心。此外，生產活動也逐漸被外包到低成本地區，如中國、印度、土耳其、孟加拉等地。

這些年來，已發展出各種理論來說明，時尚企業國際化其營運與銷售的方式。「烏普薩拉模式」指出，企業在單一國內市場營運一段時間之後，隨著從該市場營運經驗中所獲取的知識越多，對於相當類似的新市場承諾也會增加。近期的「天生全球化模式」則指出，在今日節奏快速、高度競爭的環境，時尚企業所面對的營運情境已大不相同，因此必須找出快速國際化的方式。後者的理論被認為與高端獨立設計師更為相關，他們往往很快就會面對國內市場的侷限，並且認知到快速擴展至國外市場的價值——不論是生產或是銷售層面。

擴展營運與銷售至國外市場的決定，會為時尚企業的商業模式帶來重大影響。在國際化銷售方面，組織可以選擇把目前的銷售策略複製到國際市場的開拓上，或是完全重新定位它的策略。

時尚產業的全球化，已然對時尚組織以及它們營運、擴展的方式造成了巨大的衝擊。深入了解國際化的過程、動力及阻礙、以及策略性的後果，不但有助於時尚企業熟諳產業中的生存之道，更能於全球化情境的複雜運作中游刃有餘。

case # 4　Tim Van Steenbergen
提姆・范・史坦柏根

採訪／楚依・莫爾克

"我選擇遠離聚光燈，在幕後工作。"

投資者／巴特・范・迪南 Bart Van den Eynde

跨界設計鬼才 —— Tim Van Steenbergen

安特衛普出身的提姆・范・史坦柏根，畢業於皇家藝術學院時尚學系，2001 年在巴黎首度發表他的時裝系列。在推出自己的品牌 Tim Van Steenbergen 之前，他曾為奧利維爾・泰斯金斯（Olivier Theyskens）擔任了幾季的第一助理。在 2003 年，范・史坦柏根開始與投資人巴特・范・迪南合作，這品牌於是成了一間「創意實驗室」（creative lab），因為范・史坦柏根不將自己的創意侷限於時裝作品上，他也幫 Ambiorix 設計鞋款、幫 Theo 設計眼鏡、幫 Delta Light 設計燈具，還幫眾多戲劇演出設計戲服——他幫世界知名的米蘭 La Scala 歌劇院設計了三年的戲服。在這裡，巴特・范・迪南聊起兩人之間的合作點滴。

你與提姆・范・史坦柏根有著相當特別的合作，可以描述你在這段合作關係中的角色嗎？

我不是傳統的投資者，就是你可能會在大型時尚集團中發現的那種投資者。那些大型時尚集團跟其他產業中的企業沒什麼兩樣，只關注於能夠賺錢的策略。我想做的是扮演一個截然不同的角色，選擇遠離聚光燈，在幕後工作。你知道，有時我會把創意人才比喻成「集束炸彈」（cluster bomb），爆炸時會迸射出許多小炸彈，就像他們的點子跟創造力一樣往四面八方發散；這是件好事沒錯，但是會使業務的經營複雜化。我試圖去做的，就是限縮他們天馬行空發想的可能性，從 360 度限縮到，比方說，180 度，還是保留了很寬廣的發揮空間，但是你得專注於某些焦點才能落實業務的經營，我想我在這段合作關係中的作用即在於此。

"界定你想以何種方式、
　在什麼樣的架構下工作。"

投資者／巴特・范・迪南

這樣的合作方式要如何持之以恆的運作下去？

永遠不去干涉創意的工作，是我所堅守的原則，但我會設法讓提姆看到商機在哪裡。外頭就像是一座叢林，而我把自己視為推土機的駕駛，負責在叢林中擔任開路先鋒，希望提姆可以緊跟在後，別轉進叢林裡或是危險的懸崖。當然，創意人才總能在偏離道路的地方發現新鮮事物，但如果我看到其中的危險性，我的責任就是勸告他別往那走。

提姆・范・史坦柏根就像個創意實驗室，如果有人提出合作的要求，他會自己考慮想不想做這件事。如果他認為這會是個有趣的專案，那麼我就會參與處理合約事宜。提姆是個聰明人，這點讓我的工作容易許多，他知道該如何擴展自己的作品數量並提升售價。當然我們也談了很多，這樣的合作對我們兩個來說，就像是在一片未知的領域中探索，只能邊做邊學。

你認為在創意產業工作，最困難的事情是什麼？

你要能說服那些創意人，他們是活在這世界上，而非只活在自己的世界裡；他們必須勇敢做夢，但是也必須醒得過來。閃閃發光的東西未必是黃金。在創意產業，我們常常可以看到財務悲劇的發生，譬如有些創意人債台高築，等事情一發不可收拾，他們也只能靠自己，看到這種情況著實令人心碎。

經濟大環境艱難，時局充滿了不確定性，很難未雨綢繆，把一切都提前規劃好。再者，成功也沒有精準的祕訣。雖然是有幾件事你真的不該做，但除此之外，並沒有一種東西叫做「神奇的公式」。當贏家出現在環法自行車大賽（Tour de France）的終點站時，評論他們是很容易的事，但是在賽事剛開始進行時，沒有人能確定贏家會是誰。時尚界也是如此，能成功出爐的贏家沒有幾個。

如果要提供建議給投資者或時尚設計師，你會對他們說什麼？

對投資者來說，我會勸他們別投資自己無法負擔、輸不起的金錢。對設計師來說，我會勸他們界定自己想以何種方式、在什麼樣的架構下工作。「品牌時尚」的管理作風也是一種可行的選項。在那種情況下，你必須了解自己至少得放棄部分的獨立自主性，以換取金錢、網絡以及顧客。這就是它運作的方式。如果你想以獨立設計師的方式去尋求、接洽投資者，那麼你就得擁有我稱之為「追蹤紀錄」（track record）的東西，也就是說，那樣的紀錄可以顯示出你有豐富的經驗，並且也在業界經營了數年之久。

簡單來說，投資者都希望能避開風險，他們總認為風險無所不在；這一點在某種程度上來說，對剛起步的時尚設計師在創意的發想上以及識別特色的建立上，是個致命傷。但是如果你已經擁有一項良好的追蹤紀錄，就可以去找投資者。最後一點：走你自己的路，決定你到底想不想成為堅持到底、全力以赴的那一個人，因為要做好這項工作，除此之外別無他途。

FASHION LAW

第五堂

時尚產業相關法律

迪特・格內爾特
Dieter Geernaert

保護你的品牌，建立良好口碑

我們將在本章探討各種法律議題，是時尚設計師或時尚企業品牌在經營過程的某些階段或關閉時，不得不去面對的問題。

雖然法律事務往往是設計師最後才會想到的問題，每位設計師都該思考如何讓自己的智慧財產得到最佳的保護，譬如創意成果的展現，名稱、圖像、設計等。智慧財產這個法律概念是指給予商標（trade mark）、域名（domain name）、版權（copyright）、工業設計權（industrial design right）、專利（patent）的所有者專屬權利（exclusive right）的法律與法規；在本堂課我們將簡單介紹上述這五大類智慧財產。智慧財產還包括了許多其他類別的權利，譬如資料庫權利（database right）及植物育種者權利（plant breeders' right），但是這與時尚產業較無關聯，因此不在此加以說明。

接下來，要討論的是如何充分利用你的智慧財產，藉由與第三方簽訂協議，賦予其使用權以換取財務上的回報。各種協議會簡要地討論，例如授權協議（license agreement）、製造協議（manufacturing agreement）以及商業代理協議（commercial agency agreement），並強調其中的關鍵條款。

接著，我們將為滿懷抱負的時尚設計師歸納出各種實用的技巧和訣竅。由於智慧財產是相當複雜的法律問題，各國之間的權利不盡相同，每間企業皆需要為其量身訂製的諮詢，我們的建議是採取專業的法律意見。本堂課的技巧和訣竅，旨在作為讓你牢記在心的要點，當你尋求這類建議時可加以利用。

成功的時尚品牌皆始於智慧財產的保護

如果 Gucci 沒能把古馳歐・古馳（Guccio Gucci）的姓註冊為它的商標，它今天還會這麼成功嗎？如果黛安・馮・芙絲汀寶（Diane von Fürstenberg）沒能創造出她代表性的深 V 領包覆式洋裝（wrap dress）原創藝術作品、並將其設計登記在案，今天還有誰會認識她？如果拉鍊的發明人懶得為他的發明申請專利保護，YKK 還可以成立企業、開創拉鍊王國嗎？

這裡僅略舉數例，說明智慧財產的法律概念如何與商業經營相互影響。所有成功的時尚界故事，皆始於智慧財產的保護。不論一位設計師多麼有創意，如果他沒能為自己的原創作品，包含名稱、識別標誌、發明等，提供任何的法律保護，過不了多久，他的戲就唱完了。

- 第三方會試圖不花費任何投資而從這些創意心血中獲利。如果市場中滿是該產品的廉價複製品，可能會對原品牌印象造成嚴重的損害。
- 如果你的智慧財產未能被妥善保護，原本想投資你的投資人，調查你的業務狀況之後可能會為之卻步。投資人想找的設計師必須對自己的作品擁有堅實的智慧財產權（intellectual property right）；也就是說，你必須證明自己採取了必要的步驟，但因為智慧財產是無形的，這可能會相當複雜而且棘手。

每位設計師或品牌，都必須決定哪一種或哪幾種智慧財產權最適合他的業務需求。獨特商標的持有與各種類型的時尚業務都有關聯，所以我們會扼要地闡述這個議題。如果你打算設計並行銷一款代表性的包包，如新款柏金包，銷售期超過一季以上，那麼你可能會想考慮工業設計註冊（industrial design registration）的做法，否則你就得倚賴版權的保護。而對於發明新款高性能運動鞋的創意人來說，最實用的方式可能是專利保護。

與競爭對手做出區別——找出有力的商標

什麼是商標？商標是一種獨特的標記，能區別一間企業與其他企業所提供的商品或服務。

什麼情況下要註冊商標？

在決定要用哪一個標記作為商標時，設計師或品牌會找出一個有力的商標，有助於建立品牌識別、與競爭對手做出區別、保證商品品質。同時，也不該忘記把法律規定納入考量，以免在進行商標申請時遭拒。而即便這個商標獲得註冊，缺乏獨特性也可能成為註銷的原因之一。

整體而言，一個商標必須符合下列兩項條件：（1）能以圖形方式展現代表性；（2）具備與眾不同的特色。能以圖形方式展現代表性的標記，舉例來說，文字、設計、字母、數字、商品的形狀或包裝。由於上述規定，香水的特定香味是否能被註冊為商標，尚在討論之中。

有關標記的獨特性質，也必須被評估。獨特性不僅為企業所需，也是一項重要的法律規定，因此使用該標誌的商品或服務將會進行相關的評估。舉例來說，「水」（Aqua）這個字對飲用水來說，可能不能作為一個有效的商標，因為它是一個描述性的用語；然而對牛仔褲來說，它卻足以區別一個品牌的牛仔褲跟其他品牌的牛仔褲。因此，這個字可以作為服裝的有效商標。

下列是一個註冊為時尚商品的商標：
文字以特定字體顯示

PRADA

圖1 ｜ 為 Prada S.A.[1] 所擁有的歐盟商標（Community trade mark）nº 011918331

使用並註冊某個人名作為商標，像是 Dior、Saint Laurent、Chanel，是時尚界常見的做法，有些名字剛開始可能不是最強而有力、令人印象深刻的商標，尤其某些名字又很常見。然而相對於描述性的標記，像是「shoeshoe」之於鞋類商品來說，它們已足以區別一間企業的時裝與鞋款以及其他競爭者的同質商品。

[1] 資料來源：oami.europa.eu/eSearch

歐洲法院（European Court of Justice）是可對歐盟（European Union）法律的解釋及效力加以說明的最高司法機構，在 2004 年 9 月 30 日一項關於食品商標以及姓氏「尼可斯」（Nichols）的判決中，確認了這項原則：

作為日常用語的一個語詞，一個常見的姓也可以同樣的方式發揮商標說明產地來源的功能，進而區別有關的產品或服務。

（...）一個由姓氏所組成的商標，即便是一個常見的姓，對於是否存在與眾不同的特性評估，首先必須被具體地執行於會應用到這項註冊的產品或服務上；其次，要考慮到相關消費者的認知與看法[2]。

不過，如果一位設計師把他的名字或姓氏註冊為商標，在某些情況下，他可能會在之後失去繼續使用它作為商標的權利。

這可能會發生在這位設計師變成一個品牌的時候。商標的註冊，往往是在設計師設立公司時進行；如果這間公司被賣掉了，或者這位設計師不再是公司的大股東，他可能會失去對於個人姓名如何被使用的控制權。這就是伊麗莎白・伊曼紐爾女士（Ms Elizabeth Emanuel）的遭遇，她是新娘禮服的設計師，以自己的姓名「伊麗莎白・伊曼紐爾」（Elizabeth Emanuel）申請商標，使用於她所設計的服裝上，其後把這個商標轉讓給她所成立的公司使用；但是，這間公司後來又把這個商標包括它所建立的商譽，轉讓另一間公司。後續轉讓的結果，這個商標最後落在一個跟伊曼紐爾女士根本沒有關係的所有人手上。

當這位最新的所有人以大寫字母「ELIZABETH EMANUEL」申請新的註冊商標時，伊曼紐爾女士設法據理以爭，反對這項申請。她認為此舉不啻是欺騙消費者，讓他們以為，她參與了這位新所有人的服裝事業。

[2] E.C.J., 16 September 2004, C-404/92, Nichols plc v Registrar of Trade Marks, § 30 and 34 (www.curia.eu).

歐洲法院在 2006 年 3 月 30 日的判決中指出：

對應設計師姓名的商標以及帶有該商標的商品之首位製造商，不得只因那個特定的特點而被拒絕註冊或被判撤銷，或以它會欺騙或誤導公眾為由，特別是把先前以不同圖形所註冊之商標有關的商譽，都一起歸於製造與該商標相關的商品之業務[3]。

因此，這位新的所有人原則上被允許可保留原來的商標，除非他被證明的確有誤導消費者之實。

這並不一定意味著所有把自己的商標轉讓出去的設計師，都會失去使用自己名字作為商業用途的權利。在沒有合約協議的情況下，一般來說，商標法會明確地允許一個人在上述情況下，繼續使用他那有爭議的姓名，只要這個人不把他的姓名當作商標來使用。舉例來說，這位設計師可以使用「X 商品由伊麗莎白‧伊曼紐爾設計」，因為「由伊麗莎白‧伊曼紐爾設計」是描述性的句子，指的是伊曼紐爾女士的姓名，所以這句話不會被視為部分的商標。然而「伊麗莎白‧伊曼紐爾 X 商品」沒有「設計」就不一樣了，如果根據公眾的認知，認為這幾個字組成了一個商標，那麼這位設計師就不能使用這樣的用語組合。

圖像（包括文字或不包括文字）

圖 2 ｜為 Levitas S.p.A.[4] 所擁有的國際商標（international trade mark）n° 767729

圖 3 ｜為 Levitas S.p.A.[5] 所擁有的歐盟共同體商標 n° 005509823

形狀／顏色

圖 4 ｜為 Christian Louboutin[6] 所擁有的美國商標（U.S. trade mark）n° 85700861

3　E.C.J., 30 March 2006, C-259/04, Elizabeth Florence Emanual v Continental Shelf 128 Ltd. (www.curia.eu).

4　www.wipo.int/romarin

5　oami.europa.eu/eSearch

6　www.uspto.gov

讀者可能已經認出這個紅色的形狀，就是 Louboutin 鞋與眾不同的特色，以其紅色鞋底著稱。在美國上訴法院（United States Court of Appeals）的一場訴訟中，Christian Louboutin 憑藉著類似的紅色商標，反對 Yves Saint Laurent 的「單色」（monochrome）紅鞋的行銷，建議在進行訴訟案時點出紅，因為只針對紅色鞋子：Yves Saint Laurent 的單色鞋款以整隻鞋同一顏色為其特色，因此，它紅色的鞋款就是全紅：包括紅色的鞋墊、鞋跟、鞋面以及外鞋底。

美國上訴法院在 2012 年 9 月裁決 Louboutin 的商標是一個有效的鞋類商標[7]，但指出鞋底與鞋面的對比是突顯鞋底特色並區別其創作者的原因。因此，法院把紅色鞋底商標的適用範圍，限定於與相鄰鞋面顏色形成對比的紅漆外鞋底，並據此駁回 Louboutin 所提出、禁止 Yves Saint Laurent 在單色系列紅色鞋款上使用紅漆外鞋底的要求。

如何申請註冊商標？

商標權可在國家或區域的註冊辦事處支付註冊費用（台灣註冊商標資訊與費用請上「經濟部智慧財產局」網站查詢。http://www.tipo.gov.tw），經由註冊手續取得。歐盟內部市場協調局（The Office for the Harmonisation of the Internal Market）是位於西班牙阿利坎特的一個區域性辦公室，負責歐盟共同體商標的註冊[8]，這個商標可有效運用於整個歐盟國家。註冊一個歐盟商標的基本費用約在 900 到 1,050 歐元（台灣約 3,000 元左右）之間[9]，如果你利用商標律師提供的服務幫你辦理註冊事宜，還得加上他的服務費。但是，如果你得管理全球大量的商標組合，外包給商標律師來管理，利用他們已到位的必要系統去幫你留意所有商標的延續期限、付款條件等，這可能是一個比較安全的做法。

申請商標註冊時，申請者必須指明這個商標是針對哪種產品或服務而註冊，大部分國家使用「商標註冊用商品與服務國際分類」（International Classification of Goods and Services for the Purposes of the Registration of Marks）即尼斯分類（Nice Classification）[10] 來分類註冊的產品或服務。2013 年的版本包括了三十四類的產品（第一類到第三十四類）以及十一類的服務（第三十五類到第四十五類）。

---

[7] 美國聯邦第二巡迴上訴法院（United States Court of Appeals for the Second Circuit），2012 年 9 月 5 日，案號 11-3303-cv，Christian Louboutin S.A.、Christian Louboutin L.L.C. 及 Christian Louboutin v Yves Saint Lautent America Holding Inc.、Yves Saint Laurent S.A.S. 及 Yves Saint Laurent America Inc.。

[8] oami.europe.eu/ohimportal/en

[9] oami.europe.eu/ohimportal/en/route-to-registration

[10] www.wipo.int/classifications/nice/en

對時尚企業來說，尼斯分類中相關的產品分類標題包括有：

- 第三類：香皂、香水、化妝品。
- 第九類：眼鏡。
- 第十四類：珠寶及手錶。
- 第十八類：皮革製品、旅行箱、旅行袋。
- 第二十二類：提包（袋）。
- 第二十五類：服裝、鞋子、帽子頭飾。

這些分類標題廣義地描述了時尚企業的產品性質。每項分類下還有子分類，包含了被分到該特定類別中的產品詳細字母順序列表，舉例來說，第二十五類的服裝，就包括了圍裙、領巾狀領帶、嬰兒褲、頭巾等。你可以從大約 10,000 種標記的產品中選擇，網際網路搜尋引擎也可以用來協助你選擇正確的分類標題，或其下的子類別。商標所有人指定越多的類別編號，註冊費及續期費用就會越高；一般來說，基本的註冊費用中會包括一到三個類別編號，每多加一個編號，就要再多付額外的費用。

在哪裡註冊商標？

建議你在目前有業務往來、或者未來可能會有業務往來的所有國家及區域中都註冊好你的商標，甚至包括有些國家你可能沒想到短期之內會跟它們做生意，像是中國、南韓或是印度。因為這些國家是所有知名時尚品牌匯聚的主要市場，所謂的「商標蟑螂」（trade mark squatter）都對歐洲品牌虎視眈眈；當你的品牌在歐洲大受歡迎時，他們就會在他們的國家把你的商標先註冊起來，等你決定把業務擴展到那些市場時，再設法以極高的價格將商標賣回給你。為了避免這種情況發生，最好是一開始時就先主動在這些區域完成你的商標註冊。

世界智慧財產權組織（World Intellectual Property Organisation, WIPO）負責管理的商標國際註冊體系，讓你不需要去到每個你想使用商標的國家辦事處才能註冊商標。這個組織屬於聯合國的一個機構，專責智慧財產的使用[11]。這個體系被稱為「商標國際註冊馬德里協定」（Madrid System for the International Registration of Marks），讓你可以在任何一個會員國的商標辦公室註冊或申請商標，前往國家商標辦公室，透過單一流程即可獲得國際註冊的效力，而這適用於部分或是全部的會員國[12]，毋須個別聯繫所有

[11] www.wipo.int
[12] www.wipo.int/madrid/en

國家的辦事處，同時大幅降低註冊費用。不過，並非所有國家都是馬德里聯盟（Madrid Union）的會員，舉例來說，只有少數亞洲和拉丁美洲國家參與其中。

誰可以註冊商標？

商標可以用自然人或是企業之名進行申請，但因為法律規定商標必須有「真正使用」的義務，把商標註冊於企業名下，可能會是比較好的做法。一般情況下，在商標註冊後的一段期間內，比方在歐洲的規定是 5 年 [13]（台灣為 3 年），如果註冊的所有人沒有把這個商標真正使用在它所註冊的相關商品或服務上，第三方可以提出請求，撤銷該商標所有人的權利。但商標若是註冊於個人名下，較難證明他在商業過程中確實有使用這個商標。如果商標不是註冊於企業而是個人名下，這個人應該授權給至少一間以上的企業，允許它們在商業過程中使用該商標，並且在商標辦事處註冊這些授權行為。

商標註冊效期有多長？

一般來說，商標註冊的效期是 10 年（台灣也是 10 年），只要商標所有人在後續期間內及時支付續期費用，就可以無限期延長。這是商標權與版權、工業設計權以及專利權的不同之處，後三者皆有時效上的限制。

如何防範侵權行為？

商標賦予所有人專屬權，防止他人利用與該商標相同或類似的標記，並運用在該商標所註冊之相同或類似的商品或服務上。

侵權的認定必須符合許多情況。例如，侵權標記必須是使用於商業過程中，而不是使用於非商業用途上；通常也必須有造成公眾混淆的可能性，或是有趁機利用或損害該商標的顯著特點或商譽之可能性，尤其是剛使用不久的標記被利用於不同類型的商品上。舉例來說，「德賴斯‧范‧諾頓」（DRIES VAN NOTEN）的商標被用在飲料上時，亦即跟服裝不相同或不相似的商品，可能就占了那位比利時設計師原來服裝商標的便宜。

申請商標註冊之前，申請者應該要先確認自己是否侵犯到某個第三方原有的商標權。有些商標辦事處會先幫你搜尋，是否有相同或類似的商標已登記在案，有些則不然；如果商標辦事處沒幫你做這件事，你最好委

---

[13] 歐盟於 2008 年 10 月 22 日，頒布關於統一成員國商標法的《2008/95/EC 歐洲議會及理事會指令》（《歐盟商標指令》）第 10 條款；理事會條例（Council Regulation）編號 207/2009（《歐體商標規則》）第 15 條款。

託一位商標律師幫忙,如此一來,你才能預期可能出現的問題,以免等自己的商標發展出品牌的個性識別之後,才發現惱人的意外狀況。

為了監控侵權商標的申請,利用商標律師的服務是一項相當實惠的工具,可以請他們為你監看第三方想在你所指定的國家中所註冊的類似文字或識別標誌。這類的監控作業可透過一項電腦程式來完成,它會警告你可能侵權的申請,你可以在國家或區域辦事處依行政程序反對該項申請。

網路時代的趨勢 —— 建立專屬域名

什麼是域名?

域名就是一個可以引導你到某個特定網站的名字,可對應到某個伺服器或電腦的唯一網際網路協定位址(Internet Protocol address),亦即 IP 位址(IP address)。域名賦予每個網際網路伺服器一個易於記憶、易於拼寫的位址,而非它背後由一串數字所組成、難以記憶的 IP 位址(譬如,123.456.789.0)。

什麼情況下要註冊域名?

跟商標不同的是,域名通常並不需要有顯著特色。你可以註冊一個「fashion.com」的域名,就可以在該域名所連結的網站上銷售服裝,然而你不可能把「時尚」(fashion)這個字註冊為服裝的商標。

如何註冊域名?

註冊域名只能透過官方的仲介機構,也稱為註冊服務商,是由「網際網路名稱與數字位址分配機構」(Internet Corporation for Assigned Names and Numbers, ICANN)[14] 認可的商業機構;該機構藉由監督 IP 位址及域名的分配,負責管理並協調這套域名系統。不像本章列出的其他智慧財產,如商標、專利等的註冊是由政府機構負責管理,保存域名的名冊則由非營利性的私人組織所管理。

誰可以註冊域名?

基本上,任何對某個名稱有合法權益(legitimate interest)的人,都有權利將其註冊為域名。在某些國家,你必須先擁有一個與你想註冊的域名相同或類似的商標,才能夠註冊該域名。

[14] www.icann.org

在哪裡註冊域名？

最知名的域名是「通用頂級域名」（generic top-level domain, gTLD），譬如 .com、.info、.net、.org。最近通用頂級域名的新規則開始生效，因此現在也可以把你的商標註冊為域名，例如 .balmain，雖然費用需要 100,000 歐元以上。「國家和地區頂級域名」（country code top-level domain, ccTLD）指的是某個特定的國家，像是 .uk、.jp、.br；某些國家和地區頂級域名可能會要求你在相關國家要有一個地址。

我們會建議盡量多以通用頂級域名，亦即典型的通用頂級域名，如 .com 及 .net 去註冊你的域名，還有你目前及未來可能會有業務往來的所有國家之所有國家和地區頂級域名。與其未來得提出訴訟才能把你的域名從所謂的「網路蟑螂」（cyber squatter）手中搶回來，還不如在一開始就盡可能多註冊一些域名，反倒更為符合成本效益。「網路蟑螂」指的是那些對域名並沒有合法權益的人，他們註冊域名的唯一目的只是為了把它賣回給你，或是占你的便宜、藉此將你的顧客吸引到他們的網站上。

域名註冊效期有多長？

一般來說，域名的註冊效期為一年，每年只要支付續期費即可延續使用。

如何防範侵權行為？

域名的爭議通常以仲裁程序來處理，申請人在申請域名時就必須先同意這項作法。仲裁程序完全以電子化方式進行，使這些爭議得以在不需費用、不被拖延的情況下被解決──高昂費用及冗長時間是在法院訴訟方式中經常會遇到的問題[15]。交換書面辯護狀的截止期限很短（幾週的時間），你不需要律師代表，也不需要往返法庭或花費額外的時間答辯。

如果某個域名的合法所有人根據適用的仲裁規則提出申訴，可以要求把該域名轉讓給他，或是註銷該域名的註冊，倘若他可以證明這個被註冊的域名的確被惡意地使用。我們會建議要求轉讓域名的做法，因為如此一來，可以避免在該域名被註銷之後，又有第三方去註冊這個有爭議的域名。

---

[15] 參見，例如：www.wipo.int/amc/en/domains

絕大多數案件的申訴都會被接受。域名成為仲裁程序的主題之實例如下[16]：

- 轉讓：christiandior.net、dolcegabbana.com、salvatoreferragamo.org
- 取消：chez-agnes-b.info、oakleyspree.com
- 請求被拒：aberzombie.com、armaniexchange.net、azzaro.com

保護你的設計作品 ── 註冊版權

什麼是版權？

文學和藝術創作的作者、藝術家以及其他創作者，皆被授予其作品之版權。雖然從這個定義來看，版權可能只適用於小說、戲劇、電影、繪畫、雕塑或照片，但實際上版權的保護可以延伸至心靈創意的各種表現方式，包括時裝設計。然而構想、潮流或風格不在版權保護之列，因為它們並非具體的表現。

版權賦予作品的作者經濟權及人格權。經濟權（economic right）指的是以任何素材或形態再製或改造原作，或授權其他人這麼做的專屬權利。例如製造一個包包的圖像，或是銷售一件洋裝的複製品。每一位作者對他的作品都有人格權（moral right），其權利包括得以要求在作品中必須提及他的名字，以及反對對作品進行會傷害創作者聲譽的任何改動。

什麼情況下要註冊版權？

版權一般僅適用於原創的作品，在這個意義上來說，它是作者自己的智慧創作。在歐盟，版權的保護被賦予相當廣泛的解釋，也很容易被賦予。

作品的原創性往往是藉由與其他作品的比較而得到驗證，足以表現出充分的差異性。因此，記錄整個創意過程，從一開始的設計到最後的成品，並註明所有文件的日期則相當重要，以便證明這項原創作品是如何以及何時被創作出來。

如何註冊版權？

根據伯恩公約（Berne Convention）[17]，版權的保護無需經由註冊或其他程序即可自動獲取。從作品誕生之際，版權即已自動存在，因此才需要保有創作日期的證明。但在某些國家，譬如美國，在你提出侵權訴訟之前，得先註冊你的作品版權。

---

[16] 有關這些案件背景的更多詳細資訊，請查看：www.wipo.int/amc/en/domains/search/legalindex.jsp

[17] 1886年9月9日簽訂的「關於文學及藝術的著作物保護之伯恩公約」，簡稱伯恩公約。

誰可以註冊版權？

作品的創作者是其經濟權及人格權的最初所有人，其中，經濟權可以被轉讓給另一個人或是另一間公司，人格權則會一直保留予原始創作人。

一項文學或藝術作品的作者或權利人，如果他的名字以慣例方式出現於這項有爭論的作品上，會被視為是版權的所有人而非第三方。因此，建議的做法是使用版權聲明的符號 © 跟你的名字或商標一起，放在你的品牌、攝影作品集、圖片以及所有其他可受保護的項目上。這不僅可以很容易地證明你就是版權所有人，第三方也會受到警告，知道你的產品為受版權保護的原創作品，不能未經你的同意而複製或再製。但第三方可以提供證據，證明真正的權利所有人另有其人；在這種情況下，法律上原來的推定便不再適用。

當你使用一項受版權保護的作品時，一定要再三確認所有的版權歸屬，因為一項作品的創作可能會涉及許多人及多家公司。舉例來說，設計師會設計出一件衣服，攝影師會拍攝這個品項作為廣告宣傳用途，網站設計師會把服裝的照片圖檔整合在這個品牌的網站上。理想的情況是，品牌會確認所有相關的權利都轉讓給它，它應該在員工的勞動契約以及與攝影師和網頁設計師所簽訂的服務協議中，訂定權利轉讓的標準條款；攝影師和網頁設計師，通常都會在他們的一般條款和條件中保有這些權利。

如果版權不可能轉讓，品牌至少要取得可以用所有形式使用作品的權利，並可以根據它所需求的所有目的來使用該作品，舉例來說，在網路上以及平面雜誌上的廣告，在一個國家或是全世界各地，使用其作品的照片。

版權註冊期效有多長？

版權的保護期限，通常是從作品創造開始至創作者去世之後的 50 年[18]到 70 年，然而國家法律可能會設立更長的保護期限。

版權保護期限的設定，應該長到足以使創作者及其業務得以從他們的作品中蒙受經濟利益。有鑑於時裝作品一年至少換季兩次，即便有些趨勢每隔幾年就會再次流行起來，設計師或品牌還是不太可能會需要這麼長的保護期限，除了偶爾會有某些永不過時的商品。

[18] 伯恩公約第 7 條款。

如何防範侵權行為？

版權保護原始作品不會未經權利人同意而被不當地重製、分發或是改造，但這並不代表你可以在市場上推出略有差異的複製品，舉例來說，有著七項差異甚至更多的複製品，這是一項常見的誤解。如果新的作品中可以找出原始作品中的原創特色，即便新舊兩件作品之間存在著多項差異，新的作品仍然侵犯到原始作品的版權。

版權的侵權行為由國家法庭處理。版權所有人若是認為他的權益在哪個國家受到了損害，就必須在那個國家提出訴訟，依照該司法管轄區的版權法辦理。侵權的一方並不一定是某些狡猾可疑的製造商，也可能是某個流行的服飾連鎖店或是奢侈品牌；後者的實例之一，可從 2011 年 4 月 19 日在荷蘭海牙法庭的一項裁決中看出，這項爭議發生在荷蘭的品牌所有者 G-Star 以及瑞典的服飾連鎖店 H&M 之間[19]。法庭認為，G-Star 可憑藉它對命名為「Elwood」長褲設計的版權，制止 H&M 銷售它那被視為是「Elwood」複製品的牛仔褲，如下圖所示：

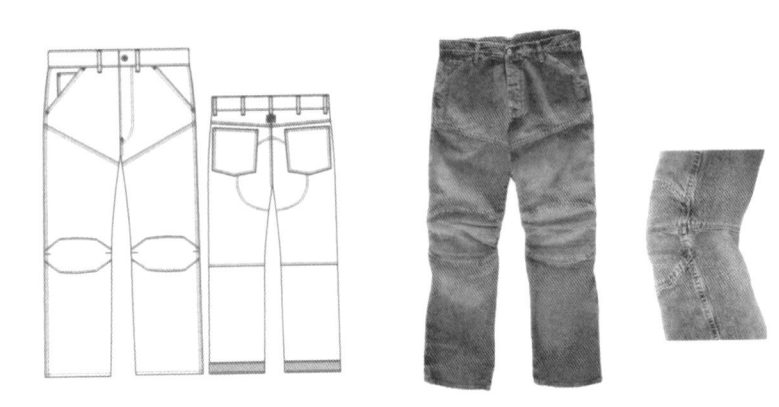

圖 5｜為 G-Star Raw C.V.[20] 所擁有的荷比盧聯盟商標（Benelux trade mark）n° 0624.182；為 G-Star Raw C.V.[21] 設計權所擁有的荷比盧聯盟商標 n° 0662.447

保護獨特的產品外觀 —— 工業設計專利

什麼是工業設計專利？工業設計是指全部或一部分的產品外觀所產生的某些特點，特別是線條、輪廓、形狀、材質以及產品本身材料，或者裝飾。

一項產品可以是任何工業的或是手工的物品，包括材質設計、服裝、提

[19] 海牙國際法庭，2011 年 4 月 19 日，案件 200.048.312/01，H&M Hennes & Mauritz AB and H&M Hennes & Mauritz Netherlands B.V. v G-Star International B.V.（uitspraken.rechtspraak.nl/inziendocument?id=ECLI:NL:GHSGR:2011:BQ2113）

[20] www.boip.int/wps/portal/site/trademarks/search

[21] www.boip.int/wps/portal/site/trademarks/search

圖 6｜歐盟共同體設計（Community design）n° 000084223-0001[22]

圖 7｜歐盟共同體設計 n° 000084223-0003[22]

包或是鞋子。左圖的例子是 Louis Vuitton Malletier S.A. 註冊為工業設計的手提包以及它的材質圖案。

什麼情況下要註冊工業設計專利？

根據大多數國家或地區的法律，一項工業設計必須是「新的」，而且「具備獨特的性質」，才能受到保護。一項設計如果沒有與其相同的設計曾經被公諸於世，就應該被視為是一項新的設計；而如果不同設計的特徵只在枝微末節上有差異，這些設計會被視為是如出一轍。如果一項設計給予某位具有相當認知的使用者的整體印象，不同於任何曾被公諸於世的設計，這項設計才會被視為是具備獨特的性質。

如果一項產品的外觀特徵僅在於技術性功能，它會被排除於工業設計專利的保護之外。這一點跟版權法（copyright law）很類似。舉例來說，鞋子的外觀不可能僅為技術性的條件所支配；每隻鞋子一定有鞋底、鞋面以及鞋跟，然而除了這些要求之外，大部分鞋子的外觀都不同，因此大部分的鞋子都有資格獲得工業設計的保護，只要它們是新的而且具備獨特的性質。

如何註冊工業設計專利？

一般而言，工業設計專利必須在國家或區域的註冊辦事處註冊，以便根據工業設計法（industrial design law）獲取保護。在歐盟國家，申請單單一項工業設計的費用，成本是 350 歐元 [23]。

工業設計所使用的分類系統有點類似尼斯分類。舉例來說，在歐盟註冊一項工業設計時，申請者必須指定符合洛迦諾分類（Locarno classification）中的相關產品類別 [24]。服裝的物件屬於該分類中的第二類。

不過，工業設計不一定需要註冊專利。舉例來說，除了歐盟設計的已註冊者，歐盟也授予未註冊設計保護，只要它們是新的且具備獨特的性質 [25]，有註冊的設計亦同。不過，保護期以 3 年為限，從這項設計首次在歐盟國家中公諸於世的日期算起（台灣須申請註冊才有保護）。這類未註冊的設計對時尚品牌來說極為重要。由於時尚品牌的商品有季節的特性，市場壽命相當短暫，所以品牌並不希望、或者也沒有資源，可以花在註冊所有它們所創造的設計上。

[22] oami.europa.eu/eSearch
[23] oami.europe.eu/ohimportal/en/rcd-route-to-registration
[24] www.wipo.int/classifications/nivilo/locarno
[25] 歐洲理事會於 2001 年 12 月 12 日通過《歐洲外觀設計規則》（Council Regulation (EC) No 6/2002 of 12 December 2001 on Community designs）。

誰可以註冊工業設計專利？

一般來說，設計的權利剛開始會歸屬於設計者。國家法律可能會規定，由雇員在執行職務時所開發出來的設計，其權利應該立即歸屬於雇主所有。同時，品牌應規定為其進行各項活動的第三方，包括公司內部的設計團隊以及公司外部的設計師所開發的設計，所有權利皆應明確地轉讓給品牌。

再者，品牌應該確定該項設計於它的名下申請註冊，如此一來，品牌才會被視為是設計權的所有人。根據某些特定的法律，如果一項設計註冊於品牌的名下，品牌也可以被視為該項設計版權的所有人。一項工業設計可以同時為設計法（design law）及版權法所保護，因此在可能的情況下，所有人應同時依據版權法及設計法在侵權行為上的保護程序，以防根據這兩種法律之一所主張的權利要求未能成功（舉例來說，萬一所有人忘記及時延續該項設計的註冊期限）。不過有些國家的這兩項保護是互斥的，所有人只能從中擇一，仰賴一項法律所提供的保護。

工業設計專利註冊效期有多長？

一般來說，最初的保護期限從申請開始起算為 5 年（台灣為 12 年），但可延續到 15 至 25 年。

在把一項設計公諸於世之前，先替這項設計申請註冊是十分重要的。因為設計如果在提出申請之前就先行公開亮相，以時裝秀為例，秀展的照片及影像都會被散播出去，可能就無法再被視為符合新穎性的要求，因此也不可能取得一項有效的註冊。

如何防範侵權行為？

一項經過註冊的設計可賦予它的持有人專屬的使用權，並可防止第三方未經所有人同意而加以使用；但即便一項設計未能給予某位明智使用者與眾不同的整體印象，也可發揮相同的作用。

上述的專屬使用權包括了製作、上市銷售、進出口，或是使用某個併入或應用該項設計的產品；不過，這項使用權僅限於該項設計所註冊的國家或地區。我們會建議在提出申請之前，先在你打算提出申請的註冊設計資料庫中執行一項完整的搜尋，讓你知道是否自己的設計可能會對某些既有的設計造成侵權。

全新發明的專屬權 —— 發明專利

什麼是發明專利？

發明專利是授予一項發明的專屬權。比方一種產品或流程，提供可解決問題的新技術方案，或是可完成某事的新方法。

什麼情況下要註冊發明專利？

在一般情況下，一項發明專利應該被授予一項具備下列特點的發明：（1）新穎性；（2）有創造性；（3）易為工業應用。

- 新穎性意指這項發明必須具備非屬現有技術形態的新特色。現有技術是指在該項發明申請專利之前，已然公諸於世的所有資訊。
- 創造性是指熟諳相關技術領域的人，基於目前的現有技術亦無法推論出該項結果，故稱其為具備創造性。
- 一項發明若是可以被製作或運用於任何產業中（包括時裝產業），即可被視為易為工業應用。然而有些結果並不符前述兩項標準，故被明確地排除於專利保護之外，像是美學創作。

如何註冊發明專利？

為了被授予保護權，發明專利必須在國家或地區性的辦事處註冊。

發明專利的申請需包括該項發明的描述，提供充足的細節，使對於有關技術領域具備一般理解程度的個人能夠利用或重製這項發明；通常有助於解釋該項發明的繪圖也會包括在內。發明專利資訊及權利要求的草擬作業需藉助專利律師的專業知識，因此費用也相當高昂。

再者，根據區域的不同，發明專利的註冊費用可能也會很高。據歐盟委員會（European Commission）表示，註冊一項保護範圍在歐盟全區內的發明專利，企業可能得支付高達 32,000 歐元的費用，主要是因為不同國家註冊辦事處的翻譯及手續等費用高昂。2014 年，歐盟 25 個會員國[26]要開始執行一套統一的新系統，委員會希望能藉此降低專利的申請成本至 680 歐元。

[26] 歐盟成員國於 2012 年 12 月 17 日完成「歐盟單一專利保護」《第 1257/2012 號條例》(Regulation (EU) No 1257/2012 of the European Parliament and of the Council of 17 December 2012) 旨為達到單一專利保護加強合作；以及《第 1260/2012 號條例》，為了在達到單一專利保護的相關適用翻譯安排上加強合作。

在哪裡註冊發明專利？

一般情況下，發明專利只能由申請者提出申請並被授權的一個或多個國家中適用，並予以強制執行。這意味著，申請者對於每個他想使用這項發明的國家，都必須提出專利的申請。

歐洲專利條約（European Patent Treaty）會員國已同意遵循一項簡化程序，藉此，歐洲專利局（European Patent Office）可授予具備同等效力的專利——等同於在每一個會員國中所申請及授予的專利[27]。在專利合作條約（Patent Cooperation Treaty）之下也有一套某種程度上頗為類似的系統，簡化全球指定國家中的國際專利申請作業[28]。

誰可以註冊發明專利？

發明人是該項發明的權利所有人，但這些權利可以轉讓給另一個人或另一間公司。

有些法律規定，如果雇員是在有聘雇協議的情況下創造出某項發明，這些權利會自動轉讓給雇主。如同其他智慧財產的作法，我們建議在聘雇及服務協議中，都要制定權利轉讓的標準條款。

在某些國家例如美國，專利必須以發明人之名提出申請。在其他國家，即便發明人的權利已轉讓給他方，且他方以自己名義提出專利申請，發明人在該項專利申請中仍可保有被提及姓名的權利。

發明專利註冊期效有多長？

發明專利保護的授予期間有限，一般是從申請日起算，為期 20 年。

如同工業設計，將發明細節公諸於世之前提出專利申請很重要。一般來說，如果一項發明在申請專利之前公諸於世，它就會被視為是現有技術，因而無法符合新穎性的標準；也就是說，申請者自行公開這項發明的行為，將使他無法獲得一項有效的專利。

如何防範侵權行為？

發明專利保護意味著第三方不能未經專利所有人允許，在商業上製作、使用、分發或銷售這項發明。如有侵權行為發生，專利所有人必須在專

[27] www.epo.org
[28] www.wipo.int/pct/en

利受到侵犯的每個國家中,提出成本高昂的訴訟。

充分利用你的智慧財產

智慧財產並非它本身所欲達成的最終目的,而應該以商業協議的方式被善加利用,並將它的價值發揮到淋漓盡致。除了前面所述、使發明免受侵權行為損害的(消極)保護作用,品牌還可以藉由與第三方的協議,充分(積極)利用它們的智慧財產。

我們在本節中會討論,從產品的製造到放上網路對消費者進行銷售,在這整個過程中,品牌可以達成哪些主要協議。我們一方面會把重心放在每項協議中的智慧財產授權,另一方面也會著眼於與各類協議有關的其他規定。

製造協議注意事項

一般情況下,品牌可以跟製造商達成製造協議或是生產協議(production agreement),讓它的產品被製造出來。

這意味著為達成產品製造的目的,製造商可以享有使用品牌的智慧財產之權利。當製造商生產一件符合品牌設計及指示的裙子,或是把品牌的商標放在一件衣服上時,便是經品牌同意而使用品牌的智慧財產;協議中應規定,製造商不得使用品牌的智慧財產於其他任何的用途上,以免製造商為自己的客戶生產掛有你的商標之超額產品,或者是使用另一個商標來行銷你所設計的產品。

除了授權協議之外,品牌也應該提出如下的規定:

> … 製造商把自己為品牌設計所開發的所有智慧財產權,全數轉讓給品牌。
> 在生產過程中,製造商可能參與設計了產品的某些元素,因此也可被視為合作開發者(co-author)或是協同設計者(co-designer);但若是你身為品牌的一方,想避免這樣的情況時就應該明確規定,所有智慧財產權皆應歸屬於品牌所有,以便在行銷這些產

品時可以完全不受任何限制。
- 製造商必須遵守有關勞動條件和產品安全性的最低標準規定。儘管一間新創公司沒有資源去查證製造商是否如實遵循，至少可以把這樣的條文放進製造協議中。由於品牌對於生產國家所適用的法律並不了解，故可參考由國際勞工組織（International Labour Organisation 屬於聯合國[29] 的一個機構）所制定的規則與標準，在童工、工作條件以及工作安全方面的最低國際勞工標準。

此外，協議中還應包括禁止使用有害或有毒產品的條款，並且要求製造商遵守產品安全的法律—不論是來自生產國家，亦或是產品最終販售給消費者的國家皆然。

為了確保製造商如實遵循相關條款，你必須在協議中明定，如果製造商違反了這些規定，品牌有權立即終止這項協議，同時製造商必須賠償品牌可能因其違約行為而必須承受的所有損失；這或許可以彌補品牌在這種情況下所蒙受的重大損失。如果工人死於某座孟加拉工廠的大火中，除了對於生命的損失感到遺憾，這樣的事件無疑將為那些在該工廠製造服裝的企業之品牌形象，帶來極為嚴重的負面影響。

其他相關的規定包括：

- 製造商有義務按時交貨，尤其是時裝秀的樣品以及訂單的產品。不妨考慮規定罰款，以防製造商不遵守交貨規定。
- 查核製造商的帳冊及視察工廠的權利，以便查證製造商是否如實遵守協議。
- 限制製造商使用分包商的權利。即使製造商可以使用分包商，他仍必須為分包商對於品牌的所作所為負責。
- 製造商必須提供每項產品組成成分的相關資訊，以用於製作服裝上的使用須知標籤。

[29] www.ilo.org

代理及經銷的法律問題

品牌可以選擇直接向零售商、在地經銷商、或透過在地商業代理的服務,銷售它所製造的產品。這項選擇主要是出於商業考量。我們將在本節簡要討論各種應納入考量的法律問題。

直接銷售通常發生在第一線,買方會為此在時尚週時,前往品牌位於米蘭、巴黎、倫敦或紐約的辦事處。品牌與零售商之間所達成的協議,是一項相當直接的銷售或購買協議,為此,大多數的品牌會使用它們銷售通用的條款與條件,買方也就是零售商,在下訂單時必須接受並簽署該項協議。這些通用條款最好在法律專家的協助之下謹慎擬定,因為它會是雙方之間在產生紛爭的情況下所能依循的主要合約文件,應該涵蓋所有可能出現的問。例如取消訂單的權利、在零售商的店鋪中如何使用品牌的智慧財產等。

經銷協議注意事項

如果品牌選擇與經銷商合作,與其訂定銷售或購買協議,該經銷商也會反過來與其零售商訂定銷售或購買協議。品牌與經銷商之間的協議通常是一份經銷協議,包括銷售、經銷以及智慧財產的規定和條款。而經銷商在與零售商往來時,通常會運用其銷售的通用條款與條件。

品牌會授權經銷商在特定區域中銷售特定的產品,也應該提供經銷商可以在任何其他用途上使用品牌的智慧財產之實例。舉例來說,經銷商可以把品牌名稱註冊為商標或是域名嗎?經銷商可以註冊品牌給予經銷商的授權嗎?理想情況是,所有的智慧財產皆以品牌之名進行註冊;但若是經銷商以他自己的名義註冊了某些特定的智慧財產,雙方必須先行同意,當協議終止時,所有的註冊項目會自動轉讓給品牌,以防屆時經銷商不願合作並轉讓這些註冊項目。

在這項經銷協議中,品牌應注意項目如下:

- ⋯ 應保有取消訂單的權利,例如,倘若因所有顧客訂購總量太低而無法製造該商品,以致於必須取消訂單。
- ⋯ 應可規定經銷商必須購買的最低總量。
- ⋯ 應確定它對經銷商可能銷售產品的零售商保有核可的控制權,

以便得以掌控正確的品牌形象。
- 如果授予獨家經銷權，應明確定義獨家的適用範圍：這間經銷商是品牌在這個區域中唯一的經銷商嗎？品牌還可以在該區域中直接對（多品牌或單品牌的）零售商銷售嗎？品牌可以在網上銷售產品給最終消費者嗎？反之亦然，品牌是該經銷商唯一的供應商，還是他也可以銷售其他競爭品牌的產品？
- 應明定誰負責從一處到另一處配送產品。大部分企業使用「國際貿易術語解釋通則」（Incoterms），這是國際商會（International Chamber of Commerce）所制定的標準貿易術語，常用於銷售產品的國際合約中[30]，明確定義雙方在配送產品上個別的義務、成本及風險。
- 應確認並未強制施加可能被視為是反競爭的任何義務於經銷商。一般來說，競爭法不允許對經銷商強制施行最低零售價格，品牌只能建議零售價格。同樣的，限制或禁止有實體店面的授權零售商進行網路銷售，也無法被接受。

商業代理商協議注意事項

商業代理商是品牌授權為其產品銷售進行交涉的自營仲介商，在某個特定區域內作為品牌的代表。因此，代理商的簽約方亦即品牌，被稱為「委託人」。

品牌與零售商之間的關係是一種銷售與購買協議，適用於品牌一般通用的銷售條件。代理商有責任使零售商接受並簽署這些品牌所列出的銷售條件，但在代理商與零售商之間並沒有一項直接的協議。

由於代理商的功能有限，而且不必貯存、運送及銷售產品，他使用品牌智慧財產的權限，比經銷商來得有限。除此之外，他在智慧財產的授權情況上與經銷商類似，也適用相同的建議。

締結代理協議時，其他須納入考量的問題如下：

- 產品的明確定義：如果產品線增加，如副牌、男士、孩童等，代理商也隨之自動增加交涉這些產品的銷售權利嗎？反之亦然，如果產品範圍縮減了呢？
- 區域的明確定義：以國家名稱來定義區域，而非只寫「歐盟」

[30] www.iccwbo.org

或「中東」，避免模稜兩可的用語。同時，品牌必須明定自己是否擁有對所有顧客或特定顧客，例如僅限單一品牌，直接銷售的權利，而不必使用代理商的服務，進而不需支付這些銷售的酬金給代理商。

… 樣衣作品：對製造商來說，樣衣作品相當昂貴，因此品牌也應規定代理商是否必須購買它們，以全額或是折扣價格，或是在接受訂單之後再退還給品牌。

… 代理商的報酬：商業代理商有權為他的服務獲取報酬，報酬可以固定費用或是交易佣金的方式給付，端視代理商與品牌協商的結果為何。

明確規定何時支付佣金，通常是在零售商的付款已不可撤銷時，以及是否有任何金額須從佣金基礎上扣減，例如給零售商的折扣、運輸費用、稅金、信貸票據等。委託人必須定期提供商業代理一份他可以核實的詳細佣金報表。

品牌必須了解，通常在代理協議結束一段時間之後，代理商仍有權獲取報酬。由於訂單與交貨不會同時發生在同一季，當零售商收訖貨品並付清貨款時，即使該筆交易是由 A 代理商談成的，A 代理商可能已被 B 代理商所取代；在這種情況下，委託人不但虧欠 A 代理商該筆交易的酬金，說不定還必須支付 B 代理商酬金。故為避免重複支付雙方酬金，協議中必須明確約定，萬一有過渡期時，新舊代理商各別有哪些必須執行的任務。

… 代理商的賠償或補償：終結代理協議對品牌來說可能代價頗高，特別在代理商已經成為為品牌帶進許多業務的長期合作夥伴之情況下。

一般情況下，商業代理有權獲得賠償，倘若他大幅提升了業務量，以及委託人在代理協議終止後，仍然繼續從該項業務中獲取可觀的實質利益。在歐盟，賠償金額的上限為賠償一年的費用，相當於以該商業代理過去 5 年的平均年度報酬來計算[31]。

如果該商業代理的合約往前追溯不到 5 年，賠償金額須以該合約期間的平均報酬來計算。

如果商業代理可證明自己因與委託人的關係終止而蒙受損害，舉例來說，他必須支付遣散費給因此而不得不解雇的員工，則有權獲得額外的補償。

授權協議注意事項

在一項授權協議中，一方當事人（「授權者」，通常為品牌）授予另一方當事人（「被授權者」）為特定目的、在特定區域中，暫時使用前者的智慧財產之權利。舉例來說，某個以服飾為其核心業務的歐洲品牌，可授予專業第三方在亞洲製造及經銷皮鞋的權利。

被授權者須根據其銷售額，支付權利金（royalty）予授權者，授權者必須明定自己有查核被授權者的帳冊之權利，以便查證被授權者所提供的數字是否正確無誤。同時，被授權者可能也會被要求投入一筆約定的金額以作為行銷之用。

基本上，被授權者會被授予製造、經銷並銷售授權產品之權利。因此，上述所列出應注意的要點，都必須被包括在授權協議中，關於品牌設計、生產品質、產品安全性、交貨及時性、經銷專屬權、智慧財產權轉讓、協議終止等，授權者會施加義務於被授權者，使他的合約當事人，包括他的製造商、代理商、經銷商以及零售商，也會遵守這些義務與約束；其後，被授權者必須確認自己在與各方所訂定的協議中，包括每一份製造、代理、經銷或銷售協議，亦施加這些義務與約束於他的合約當事人。

特許經營權協議注意事項

許多胸懷大志的時尚設計師都夢想開設一間品牌專賣店，但考慮到開店所需要的可觀資源，故往往是以特許經營權的方式運作，而非由品牌自行經營。

在特許經營協議下，品牌除了授予零售合作夥伴智慧財產權，還授予零售專業知識，使其能夠成功利用品牌的智慧財產。

這項協議包含廣泛的規定，關於在零售店內外觀、包裝以及展示上如何應用品牌的智慧財產，主要涉及店面設計或店內傢俱、圖像、照片的商標及版權使用。在這個部分，零售合作夥伴將被要求必須定期更新，舉例來說，重新裝修店面或是採用品牌新的外觀及感覺。

---

31 歐洲理事會於 1986 年 12 月 18 日頒布「整合成員國關於獨立代理商法律之指令」第 17 條款，對成員國有關自營商業代理商的協調。(Art. 17 of Council Directive 86/653/EEC of 18 December 1986 on the coordination of the laws of the Member States relating to self-employed commercial agents.)

其他相關規定還須處理下列議題：

- 經營區域：零售合作夥伴是否被賦予在某特定城市或國家中經營專賣店的專屬權利？這是否意指，品牌不再供應產品給位於該專賣店一定範圍內的品牌集合店？
- 專業知識：專業知識應詳細明列於手冊之中，零售合作夥伴必須加以遵循，例如專賣店的內部裝潢、營運方式、展示產品的方式、員工培訓等。對於零售經驗有限的品牌來說，這點可能一開始就會是一項障礙。
- 產品來源：如果品牌已有製造及經銷特定產品線的授權者，或是品牌及其授權者已有合作的代理商或經銷商，那麼零售合作夥伴必須從何處取得產品？
- 業務計畫：零售合作夥伴可能會被要求提出一項品牌可接受的業務計畫——無論是否會予以修改。這項計畫須包括廣告及上市活動的資訊，重要的是，就計畫的可行性方面，品牌不提供任何聲明或保證，亦即不負任何責任。
- 協議終止：當特許經營協議終止時，品牌可能想要在現址繼續經營專賣店，倘若該空間所有人許可，品牌在協議中應明定可取得接管租用空間的租賃優先權。如果零售合作夥伴想在原址繼續經營另一間不同的商店，協議中應規定，他必須大幅改變該店的內外觀，以避免沿襲品牌原來的設計。

電子商務注意事項

想從事網路銷售的品牌，可以選擇把這項業務外包給專業的第三方，或選擇自行經營網路商店。

品牌可以銷售產品給第三方，然後再由它在網路上以自己的名義銷售給消費者或是自己的客戶。舉例來說，義大利的 Yoox 集團為 Giorgio Armani、Dolce & Gabbana、Dsquared 及其他高端時尚品牌經營網路商店。通常在此情況下，這樣的網路商店就成了品牌的經銷商，因此適用於上文所列有關經銷協議的規則。此外，適用於遠距銷售（distance selling）的消費者保護法也應該被納入考量。明智的做法是在協議中明確規定，遵循這些法律應為經銷商第三方的責任，而非品牌。

若是品牌與消費者之間可能在經營網站的第三方，如商業代理人或服務提供者的協助下，直接達成了網路銷售的行為，品牌就成了必須遵循相關消費者保護法的賣方，在它的網路銷售通用條款與條件中須將其納入考量。

這類的消費者保護法[32]及隱私法權限如下：

- … 針對必須於網路上提供的資訊，例如賣家的名稱、地址、聯絡方式，以及必須以持久格式提供的使用說明，例如銷售條款及訂購資訊，強制賣方履行其如實提供的義務。
- … 賦予消費者在特定期間內，通常為商品交付後的 15 到 30 天，無需說明理由即可免費退貨的權利。
- … 禁止以退貨或是使用其他服務之由，向消費者收取費用。
- … 限制使用顧客個人資料作為處理訂單之外的用途。
- … 禁止寄送未經消費者同意收取的行銷訊息給他們，因他們並未選擇要接收這類的訊息。
- … 給予消費者所在的國家法院管轄權，即便一般銷售條件中僅提供管轄權予賣方所在的國家法院。

原則上，在消費者可以連線使用該網路商店的每個國家，都應該要可以尋求到法律諮詢，以便驗證網站的條款與條件是否已如實遵循當地的法律。這也是為什麼品牌可能會決定不在某個特定國家進行銷售，或是可

[32] 參見《2000 年 6 月 8 日歐洲議會及歐盟理事會關於共同體內部市場的資訊社會服務，尤其是電子商務的若干法律方面的第 2000/31/EC 號指令》（《2000 年電子商務指令》）。

能會視消費者所在地點不同，而採用不同的條款與條件。

經營網路商店之前，得先把網站建立起來。我們再次重申，如果第三方負責網站的設計，品牌得確定所有由網站設計師開發的智慧財產權，必須歸屬品牌所有；否則，品牌想改變網站或是使用另一位設計師時，可能會落入最終不得不花錢了事的窘境。一般來說，網站設計師或開發者，會在他們通用的服務條款與條件中保留這些權利，因此，品牌應該拒絕使用那些條款，堅持訂定一項特定的網站開發協議（development agreement），讓那些開發出來的智慧財產權得以從第三方之手轉回歸屬為品牌所有。

時尚觀點總結：註冊品牌商標的技巧和訣竅

- 選擇一個獨特的商標，並且確認是否沒有人註冊過類似的名稱或識別標誌。
- 記錄整個創意過程並註明所有文件的日期，從一開始的設計到最後成品的生產。
- 註冊關鍵性的設計，並且要在公諸於世之前完成。
- 確保第三方如員工、供應商、服務提供商，已把智慧財產權轉讓給你。
- 如果可能的話，應同時依靠版權、工業設計和商標的保護。
- 明確定義你授予第三方的權利，如產品、區域、期限、專屬權等，以及應支付給你的、或是你應支付的報酬。
- 要知道，即便在協議終止之後，仍然有某些義務必須繼續履行：製造商是否必須歸還所有的布料和標籤？對於代理商過去所提供的服務，是否還虧欠他任何報酬？經銷商是否有權銷售庫存產品？你的名字會在特許經營專賣店的櫥窗上停留多久？

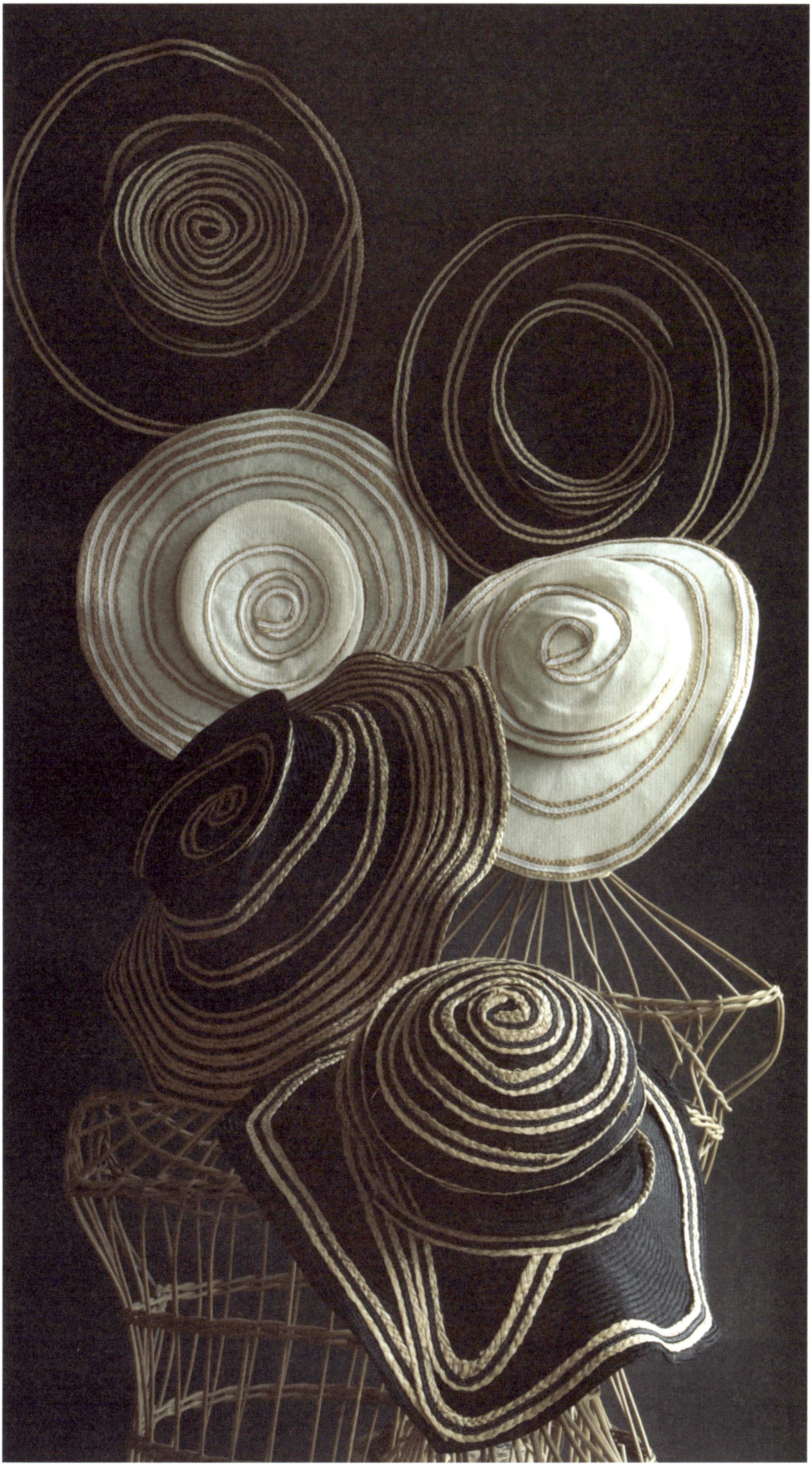

case #5　Elvis Pompilio
艾維斯・彭比里奧

採訪／楚依・莫爾克

建立精品帽子帝國 —— 艾維斯・彭比里奧

回到 1987 年，比利時帽子設計師艾維斯・彭比里奧剛在布魯塞爾開設他的第一間專賣店，當地時尚圈對他相當看好，充滿一片樂觀、激昂的活力。雖然當時戴帽尚未蔚為風潮，艾維斯・彭比里奧認為他的時代來臨了，世界開始發現比利時時尚的存在，就像法國、義大利、英國和美國，比利時也有美妙而驚人的時尚人才。

彭比里奧是對的。他的事業開始起飛，在接下來近二十年中，他建立起一個「帽子帝國」：在布魯塞爾之後，他在安特衛普、巴黎、倫敦開設起精品專賣店，作品也在美國聲譽卓絕的百貨公司以及日本高級時尚精品店中展售，瑪丹娜、哈里遜・福特（Harrison Ford）、阿克塞拉・瑞德（Axelle Red）以及半數的歐洲皇室都是他的客戶。他的工作室有 40 位員工，每年製作 30,000 頂帽子，全是手工製造。

2002 年，彭比里奧作了一個最極端的決定—關掉精品店，讓自己休息。但一方面，他還是繼續為時裝秀、為 Véronique Leroy、Ann Demeulemeester、Veronique Branquinh 這類的作品設計帽子。2010 年，他回歸基本面，在布魯塞爾開了一間精品工作室。

你在 1987 年開設第一間精品店之後，你的品牌以飛快速度成長。你是如何管理商業方面的事務？

早期我自己獨立行事，但很快地，我發展出一個良好的網絡，其中有律師、有商業背景的人，幫助我發展出清晰的願景，我知道要朝什麼方向走，但也並非一夜成名。在我開設自己的精品店之前的那些年，為了成為製帽師，白天工作、晚上上課，好在我的藝術背景——主修視覺藝術也成為一項優勢。我可以自己做帽模、設計識別標誌、裝潢精品店，獨立完成許多工作。我並不後悔沒有上過時尚學校，這讓我可以更容易打破規則；我不喜歡規則。我研究所有經典的製帽技術，只為了可以自行製造它們，然後以截然不同的方式去運用它們。

case # 5　Elvis Pompilio

"我不喜歡規則。"

"很快地，我發展出一個良好的網絡，
其中有律師、有商業背景的人。"

在你的事業正值高峰時，你卻決定暫停休息、關閉所有的專賣店和銷售點，為什麼？

我只是不再對自己的工作感到快樂。人們以為我當時是破產了或是生病了，因為在事業成功時，你絕對不可能去做的事就是喊停。但當時我只覺得自己像是個創作的機器，尤其我還得擔任全職管理者的角色。這跟我當初所夢想的並不一樣。當生意爬升到某個水平時，你必須下定決心：要不就把公司的一部分賣給某個可以幫你經營的人，但這意味著你得放棄至少部分的自由；要不就把規模縮小，繼續自行經營。對我來說，自由是無可妥協的，可以自由與獨立作業是我最初選擇這項職業的動力。當然，喊停並不是一個簡單的決定，我花了一段時間跟朋友商討、諮詢其他時尚專業人士的意見；經過長時間的討論，最後他們都理解了我的觀點。即使我把店都關了，我還是會繼續下去，從事我有興趣的專案、幫時裝屋及時尚設計師做設計。我可以繼續追求創作的熱情。

進入這個行業並不是為了賺錢。沒錯，我需要錢才能生活；沒錯，我也喜歡奢華的生活方式。但是做你喜歡的事情，才是這世界上最偉大的奢侈。

你對未來有什麼計畫？

從我再度於布魯塞爾開設專賣店，至今已經快4年了，那是一間可愛優美的精品店，我一週有3天會待在那裡。經過一段時間的休養生息之後，我相當喜愛與客戶重新開啟這樣的互動。但是我早就知道自己不會再花另一個10年的時間做同樣的事，因為除了自由之外，我也喜歡改變。所以2014年，我會再次關閉這間專賣店，同時設立網路商店；我也會開設一間只接受預約的展售間，當然，我還是會繼續為時尚設計師工作——這讓我有機會認識才華洋溢又有趣的人。

case # 5 Elvis Pompilio

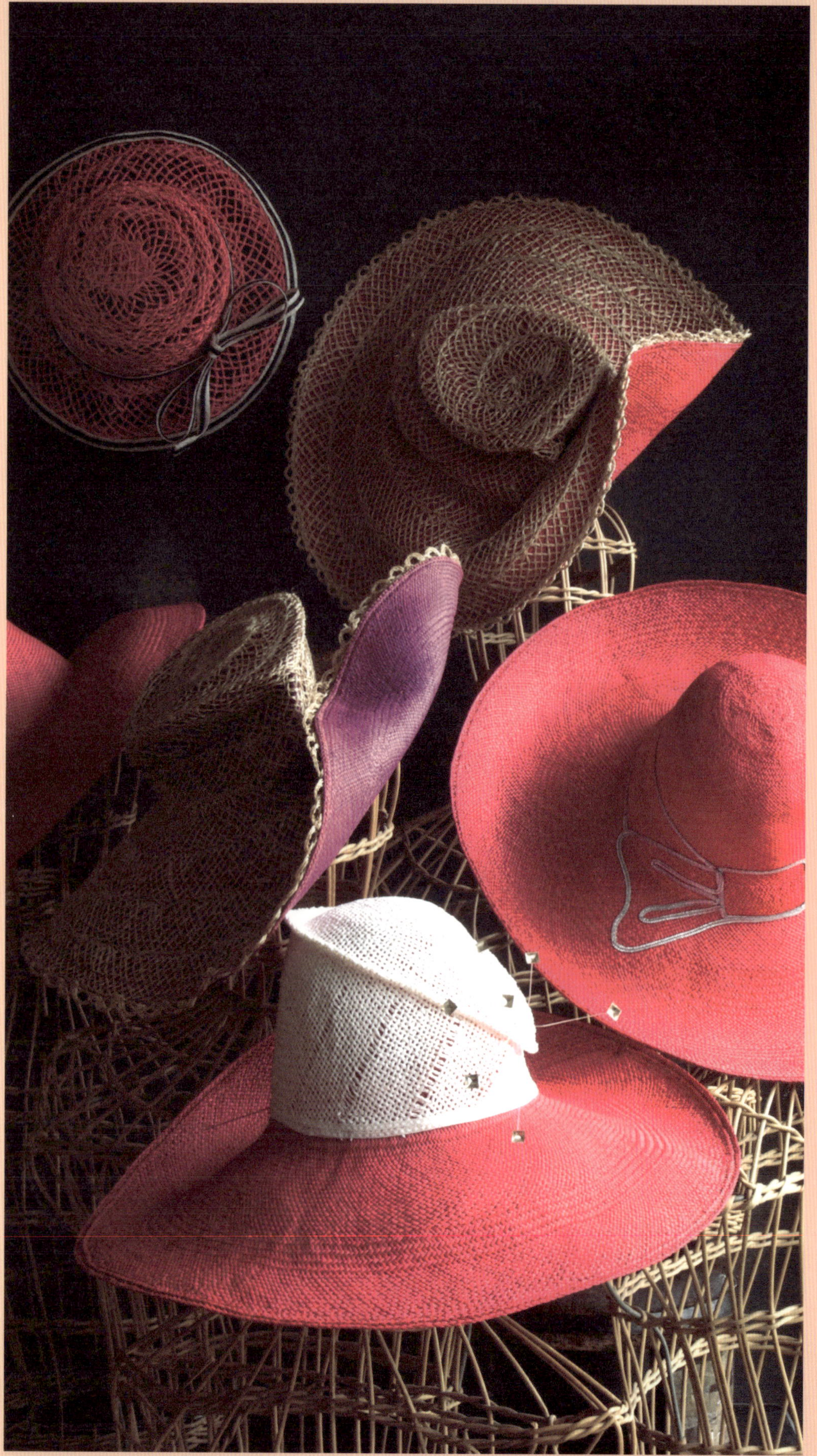

FINANCIAL DECISION-MAKING IN FASHION MANAGEMENT

第六堂

對的財務決策，決定品牌生死

拉夫・衛美恆
Raf Vermeiren

"別害怕！"

經營的首要任務 ── 搞懂財務管理

我們有時會在媒體看到這樣的新聞：優秀設計師功虧一簣，原因是財務困難；顯然，時尚設計並非這個產業中最容易開創成功企業的一塊領域。

出於天性，大部分的創意人都寧可將精力放在創作上，而非財務和數字上。財務事務的解釋說明，也往往以一種使一切聽起來非常之複雜的方式進行，讓人更容易迷失於大量超載的資訊與數字之中。儘管如此，在複雜的時裝業中，財務實應為你的首要之務。

對於那些到目前為止已感到驚慌失措的人，放輕鬆吧！本章所介紹的各種工具，將有助於你在預算上的管理，即便財務並非你事業的核心也不需因此感到前景黯淡。並非每位創意的企業家都是強悍的管理者。在財務決策上，你只需要專注於4項關鍵控管的要素即可，而本章所介紹的實用工具，將會幫助你在財務上有絕佳的表現，不但可提供你掌握業務所需的知識，也是讓你的企業組織更趨健全的指引。

成功的財務管理祕訣，在於充分掌握各方面的業務，並且完整地理解特定的時尚相關時程對於組織層面、進而對於財務層面的影響。

請在這部分的工作上也運用創意以及最豐富的才華！你甚至可能會開始愛上它，進而理解業務該如何運作，進一步開始管理相關的財務事項。

如何面對步調快速、競爭激烈的商業模式

時尚產業步調快速、競爭激烈，創業者面對的是這個產業極為獨特的商業模式。時尚市場的結構型態，將會對你的組織規劃及財務狀況產生重大的影響。

在有限期間內，抓住潛在買主

傳統上，獨立品牌一年有兩次（季）的銷售機會，你的作品是否能成功銷售，主要取決於那段有限時間內，來到你的展售間之潛在買主；你得有萬全的準備，因為沒有第二次的機會。你必須提前接洽潛在買主，並盡早跟他們預約時間，確保一系列完整的新品原型搭配不同布料選擇，已準備好在那關鍵的一刻完美呈現於買主面前。

想辦法延長商品銷售期、使銷售最大化

如果擁有自己的店面，就可以有一段較長的時間來銷售商品，也可以在一系列作品中挑選更多作品，藉此展示更多樣的組合；因必須直接面對精挑細選的買主，你會被訓練成對自己的作品有更寬廣而完整的視野。然而範圍較大與數量較多的品項，也意味著風險較高，例如對最終消費者的銷售量不如預期，或因某一季的銷售不理想而導致庫存過多的風險來說也會很高。此外，擁有自己的專賣店意味著固定成本的支出，像是房租以及銷售人員的薪資，不論銷售數字如何，每個月都得固定支付。

如今的大型品牌，多數是奢侈時尚企業或零售企業，試圖以秀前系列、膠囊系列、到貨新裝以及其他行銷創新手法，逐步延長以往短暫的銷售期。另一方面，那些獨立設計師之類的小型品牌則以快閃店、網路商店、臉書活動等各種方式進行實驗，研究如何擴大銷售的潛力。這些品牌皆致力於提高它們的營業額及商品壽命，這也是你的創意可以發揮作用之處——不論是對你的作品還是對你的財務狀況之洞察與理解。

時尚產業不同於每天都有銷售量及現金交易的電子產品賣場，也不同於每分鐘都有生意上門的星巴克，時尚企業家必須在某些關鍵時刻，使銷售達到最大化。如前面提到的，這意味著你的作品必須及時做好準備，你的作品設計、銷售成本、生產等作業，也必須預先籌備好資金。

作品的銷售期最長可維持到六個月，意思就是，投入無數心血的作品，在這一季結束之後就賣不動了。為了克服這個難題，有些品牌會設法用基本款去增補充它們的作品內容，以便在市場上銷售一段較長的時間。還有其他無數的創意方法可以支持你的業務，然而要在財務方面行得通，這些方法與技巧都必須將時尚品牌極為獨特的商業模式納入考量。

控管財務的4大關鍵要素

以下 4 項關鍵動力將幫助你專注於基本要素上，使財務表現亮眼：

- 時程／期限（deadline）
- 時程／期限對於現金的影響
- 淨利（profit）及毛利（margin）
- 結構性融資（structural finance）

時程在時尚產業中是個關鍵字眼，不僅意指作品的時程，還有一切運作活動的時程。當街上的人們還在選購這一季的時尚產品時，你已經生產了一系列的新作，並為接下來的季節進行研究和設計。兩個季節之間，可能還得規劃出控制前幾季過剩庫存的方法。

你會需要一個明確的計畫，把這些時程重疊的不同活動安排妥當。為了跳上時尚界的高速列車，管理時間顯得極為重要。

當然，你得為所有的規劃提供足夠的資金，以長期來說，你需要充足的啟動資金（initial funding）。每一位設計師都必須看得比他的第一次甚至前四次作品更遠，長期的規劃上必須有充足的資金到位，至少為期 5 到 7 年。現金與利潤對於生存與成長同等重要，也是從財務角度來審視公司的不同方式。

現金是你銀行帳戶在某特定時刻的金額，現金流量計畫（cash flow plan）會讓你知道，你在一段期間內需要用來支付帳單的金錢總額，以及直到顧客的現金進來之前，還可以用那筆金額運作多久。

利潤是你在某個時間點所賺的錢。切記，從你的第一張草圖開始，就必須一直為你帶來利潤。我們白紙黑字地寫下來以示強調，平均來說，絕

大多數的草圖都必須具備商業可行性。因此，雖然你的業務仍有實驗空間，但它必須打從一開始就具備商業可行性，才有成長的機會。

現金與利潤之間的差異可能頗為令人感到困惑。當你交付一系列的作品給買主之後所收到的支票，並非全是賺取的利潤。你不能用所有辛苦賺來的錢預訂一趟 Seychelles（塞席爾共和國）之旅，因為你需要用那些錢來支付帳單、購買布料、進行研究等，而且那些錢並非總是在你需要時就會出現；在現金支出（cash-out）與現金流入（cash-in）之間，常會有一大段時間的延遲。在時尚產業，由於前期融資的時間很長，現金流量的問題經常發生：在你的作品上櫃前以及在店主支付你貨款前，你需要錢預先融資（pre-financing）下一季的作品。因為許多款項都會延遲支付，對於預先融資的需求仍在持續增長中。當你與新的顧客或是位於某些市況艱難的市場，像是俄羅斯的顧客交易時，你只會在對方付款之後交付貨品；但是與常客交易時，許多設計師會讓顧客賒欠。

為了日後的作品而提前進行的某些必要作業，必須從該作品獲取營收的時間點往前推，提前幾乎一整年的時間來預先融資。舉例來說，為了創作今年的夏季作品，可能在二月時就得購買布樣，但是可能要等到明年年初，才能收到貨款的支票，如果付款延遲的話有時還會更晚；更別提在這種情況下，你有多麼需要一份現金流量計畫來監控所有流進流出的現金。

1.時程控管 —— 提前規劃，預先排好一年進度

要探討如何安排你的現金流量，重點是必須先了解時尚產業一年之中的「時程」，以一項創意的概況（creative overview）作為起點。在橫軸上畫出接下來兩年帶有月份的時間表，在縱軸上畫出季節（春夏及秋冬，參見圖1）。把它放在你的工作區中央的一面牆上。接下來，決定你需要顯示在時間表上的是哪個系列的哪個步驟。在這個階段，先專注在時程上即可，稍後我們會再把財務的影響納入考量。

在時尚產業一年之中的每項關鍵流程，從購買布樣、設計、訂購布料、製作並調整原型以上市、聯絡買主、時裝秀、展售間、生產及物流，一直到顧客的現金流入，都必須清楚地標記在時間表上。確保不同季節中每項流程中的步驟，都有被明確地標記上去。這個時間表可以讓你對所

有大大小小的作業一覽無遺，清楚地顯示哪一季的哪些活動會在時間上交互重疊，讓你可以為每項作業預留充裕的時間，現實情況是，某些作業的確非常耗時。當然，你的時間表必須符合自己實際的情況，可能會跟下面所舉的例子有所差異。

	2月	3月	4月	5月	6月	7月	8月	9月	10月	11月	12月	1月	2月
春/夏	FS	研究&設計											
				原型開發									
						PS	銷售						
							F	生產					
									經銷				
							D		收取貨款				

FS 布樣（fabric samples）
PS 預售（pre-sale）
F　布料（fabrics）
D　押金（deposit）

圖1｜一季作品的時間表

下一步，把即將到來的季節也加進你的時間表（見圖2）。這個圖只是參考，你必須製作出符合自己情況的時間表，可能會有各種差異。即使這張圖看起來已經相當複雜了，你得了解在現實情況中，不同季節的作業的確會相互重疊，因此為了讓自己綜覽全局，把接下來的幾個季節都加進這張時間表中極為重要。

舉例來說，四月時，可能正在監督今年秋冬系列的生產，同時又要設計、開發明年的春夏系列。到了八月，才剛配送完今年秋冬系列的訂單、收取它的貨款，同時就要開始進行明年春夏系列的預售。要在時尚界成功經營你的業務，基本要件就是對接下來會發生什麼事要有絕對的掌控度，能夠提前規劃，知道哪些活動會重疊，以及這樣的情況會對你的時間管理造成什麼樣的影響。

絕對避免供貨中斷！

另一個時程上的重要環節，是讓你的生產如期完成，及時趕上交貨時間。供貨的中斷可能會導致財務上的滾雪球效應，造成損失慘重的後果；因為商店必須在一換季就對顧客展示當季新裝，如果商品沒有及時送達，它們就會錯失銷售良機。聽起來好像很簡單，但在現實情況中，遠比聽起來要困難得多，主要是因為你在進行每個步驟時，時間都相當有限，所以要特別留意整個流程一開始的時程，是否可以完全精準地進行；如果錯過幾個初期作業的期限，幾乎可以確定的是，要準時趕上進度或

準時交貨已經是不可能的事了。

你所開發的原型也應該及時準備好，意思是它們必須要符合你希望他們所呈現的模樣，而且要用正確的布料製作出來。來來回回調整與修改的時間總是會比預期的更久，因此最好盡早開始準備作業，妥善計畫。

準時交貨才可能準時收款

如果產品可以準時交付給買主，就能獲取他們的信任，進而建立起可持續發展的合作關係，他們也更有可能購買你下一季的產品，而且可能購買更多的數量，更可能準時支付你貨款；因為準時交貨意味著你對於生產、物流以及品質管控方面嚴格管理的要求。如果你的生產數量較少，工廠會把你的產品完成的日期往後推延，你也必須預想到這種狀況，並且確保產品還是能夠如期交貨。

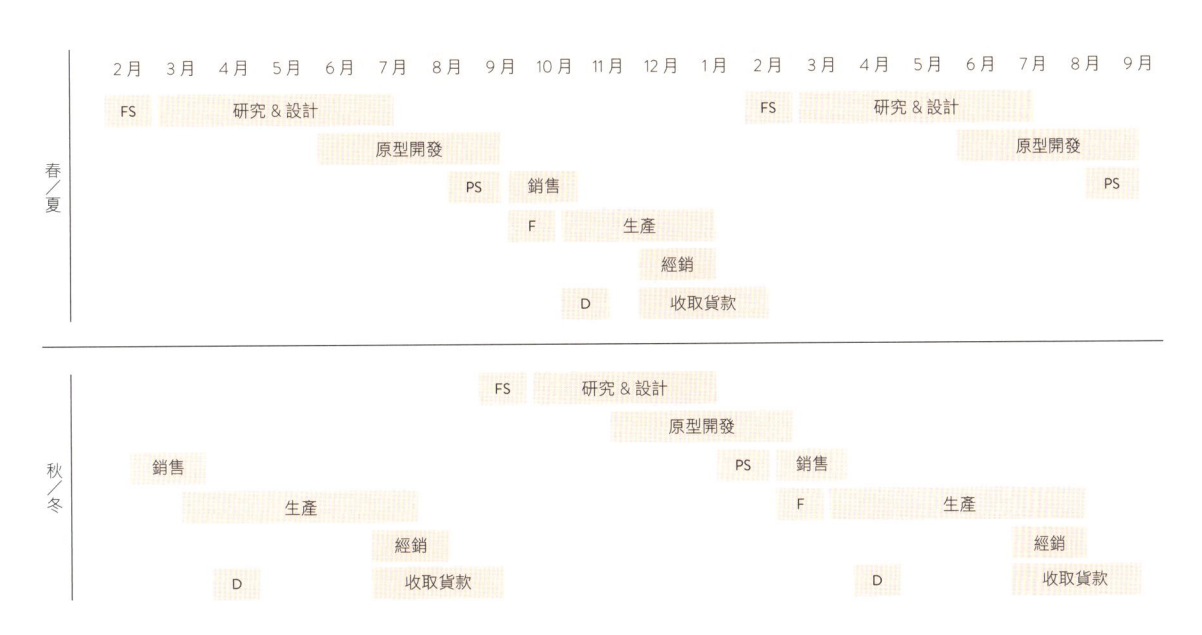

圖 2 ｜ 不同季節作品作業重疊的時間表

FS 布樣（fabric samples）
PS 預售（pre-sale）
F 布料（fabrics）
D 押金（deposit）

現在，是時候讓你的時間表進入下一個階段了：把財務數據整合進來，結合你的作業安排與財務需求。知道自己何時需要用錢、要用多少錢，這是絕對必要的，把這個部分加進你的時間表，會讓你對於自己的現金需求有更加深入的了解。

2. 時程對現金的影響 —— 管好現金流入與支出，避免週轉不靈

現金流量問題往往是時尚產業中營運失利的主因，即便是獲利豐厚、成長快速的企業，都可能因為現金沒能及時到位或是流量不足以及時週轉而破產。你必須清楚知道什麼時候有什麼錢會進來、什麼錢會出去，確定流程中的每個步驟會產生什麼（支出）費用以及（收入）現金。在某些幾乎沒有收入進來的時期，仍然會需要大量的現金以支付昂貴的材料及生產費用。

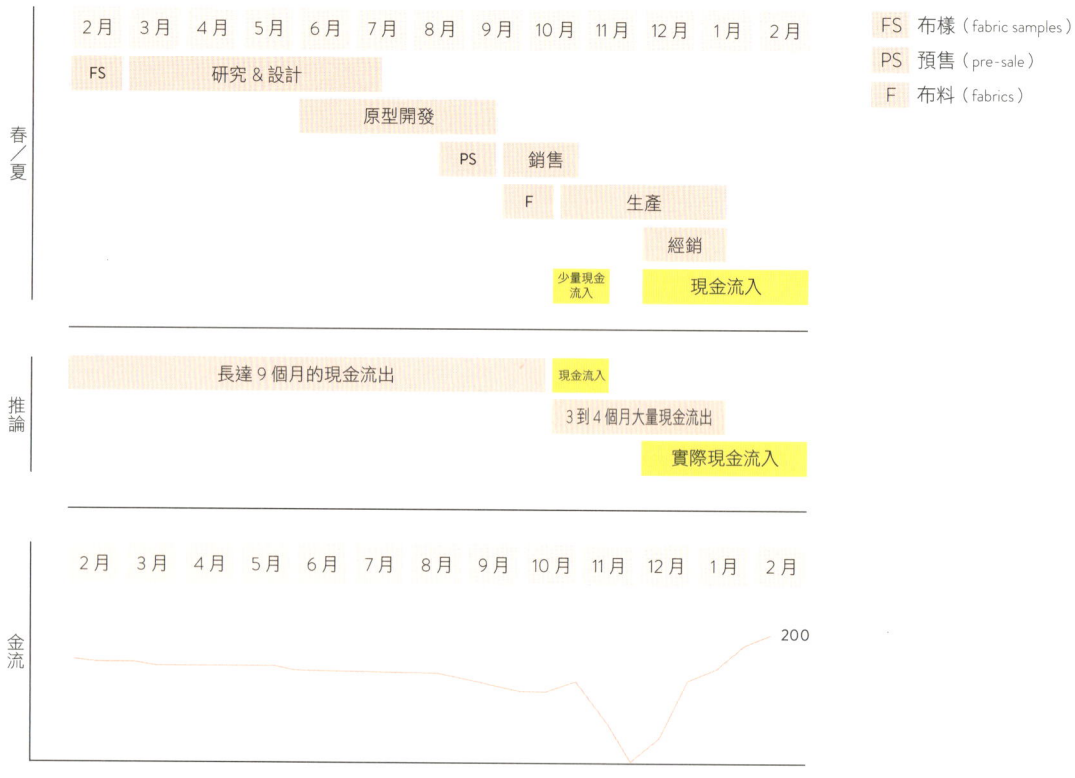

	2月	3月	4月	5月	6月	7月	8月	9月	10月	11月	12月	1月	2月	
春/夏		FS	研究&設計		原型開發			PS	銷售					
									F	生產				
											經銷			
									少量現金流入	現金流入				
推論	長達9個月的現金流出								現金流入					
										3到4個月大量現金流出				
											實際現金流入			

FS 布樣（fabric samples）
PS 預售（pre-sale）
F 布料（fabrics）

圖3 ｜ 把你的時間表轉換成一個季節之中的現金流出＆現金流入圖表。上下起伏的線條，代表金流隨著時間產生的變化。

從表中可以看到，需要花上很長一段時間，正在忙碌製作的本季作品收入才會進來。現金流量計畫是一項可以持續監控「現金流入」與「現金流出」的完美工具，一份真實不虛的現金流量計畫，有著實際的期限，會讓你能夠清楚明確的掌握全局，對於實際以及即將面臨的財務需求與需求期間了然於心。但是，你得先熟悉市場動態以及供應商和顧客的期限，才能做出一份有用的現金流量計畫；同時，為接下來的兩年規劃一份現金流量計畫，才能對一季接著一季的作品生產所帶來的影響，產生深刻而全面性的理解與感受。當然也必須考慮到，不同季節的作品製作

期會交互重疊，不同季節的現金流入與現金流出的時期也會交互重疊。

別低估支出數字！別預期金流會準時到位！

從「現金流出」開始，制定出時間表上每項作業所需要的資金預算，不論大小，每項預算上的需求都必須被納入考量；如此一來，你對於何時需要用到多少錢就會有清楚的概念。再次提醒，財務成本的訂定要切合實際，低估數字只會讓你在之後的某些時期日子很難過。

為了把時間表轉換成一份現金流量計畫，不妨先把你的現金流出數據抓進下列的表格中，作為這份計畫的起始點。

記住：把現金在你的銀行帳戶消失的那個時刻記錄下來

現金流出	九月	十月	十一月	…
研究 & 原型製作				
研究				
開發				
布樣				
與夥伴合作原型製作				
生產				
布料				
服裝 & 飾品配件				
包裝材料				
與夥伴合作生產				
調度送貨				
銷售				
全職銷售人員				
兼職銷售人員				
代理商				
時裝秀				
展售間				
公關				
攝影作品集				
辦公室				
租金				
電費 & 暖氣費				
行動電話費 & 網路費				
會計師費				
顧問費				
其他固定成本				
顧問費				
財務成本				
顧問費				

圖 4 ｜ 為製作現金流量計畫的第一個部份＝現金流出所採用的工作表

下一步是弄清楚你的現金流入，也就是預測何時會有多少錢進來。這會取決於你的業務性質：你是否有不同收入來源的組合？你的作品只透過 B2B（企業對企業）的方式銷售，還是你擁有自己的零售店？你會進行網路銷售嗎？你正規劃一間暫時性的快閃店嗎？除了你推出的服裝系列，還有來自其他專案計畫像是展覽或教學，或為商業品牌設計商品的額外收入嗎？

將收入分成不同類別（參見下表作為範例）：

記住：把現金在你的銀行帳戶出現的那個時刻記錄下來

現金流入	九月	十月	十一月	…
B2B 企業對企業				
在地銷售				
在歐洲銷售				
在亞洲銷售				
在美國銷售				
B2C 企業對消費者				
網路銷售				
快閃店				
自營零售店				
專案計畫				
為商業品牌設計商品				
展覽				
教學				

圖 5 ｜為製作現金流量計畫的第二個部份：現金流入所採用的工作表

預測現金流入時，把付款條件的影響以及季節性的市場效應納入考量相當重要。期望你可以賣出所有的產品並期望所有的顧客都會準時支付貨款是不切實際的，監控你的金流會讓你發現未來潛在的難題，而這些問題若是可以盡早準備，總是較容易克服。知識會讓你有機會成功管理你的金流。

要成功管理你的金流，技巧就在於是否能盡快吸引到顧客，並且堅持要他們付押金，同時獲取供應商的信任，讓他們可以提供你期限較長的信用額度。

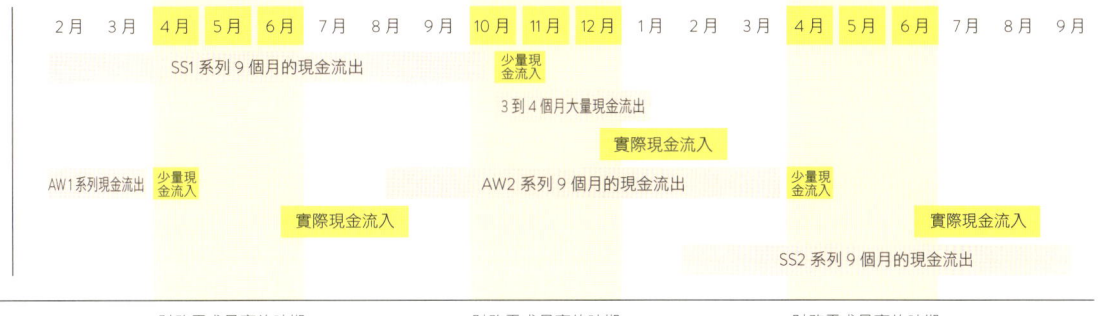

2月	3月	4月	5月	6月	7月	8月	9月	10月	11月	12月	1月	2月	3月	4月	5月	6月	7月	8月	9月

SS1 系列 9 個月的現金流出　　　　少量現金流入

3 到 4 個月大量現金流出

實際現金流入

AW1 系列現金流出　少量現金流入　　　　AW2 系列 9 個月的現金流出　　　　少量現金流入

實際現金流入　　　　　　　　　　　　　　　實際現金流入

SS2 系列 9 個月的現金流出

財務需求最高的時期　　　　財務需求最高的時期　　　　財務需求最高的時期

圖 6 ｜ 季節性的財務需求

圖 6 顯示出最關鍵的財務需求會落在什麼時間點，以及現金會在什麼時候流入，並且讓你知道兩件事：第一，作品的創作、生產、經銷所產生的成本是否可以與作品的可能收入，以及任何其他收入來源打平；第二，你會在什麼時候需要額外的外部資金。

然而，在時間表上加上現金流出及現金流入的數字，還無法讓我們知道你的業務是否可以獲利。要決定這一點，得先審視淨利與毛利。從淨利與毛利的觀點來看，將幫助你預測你的業務在接下來的數年之中，是否能夠收支平衡、獲利，或是處於虧損狀態。

3. 淨利及毛利 —— 適當提升價格是獲利關鍵

每個人都必須賺取利潤。你必須賺取利潤以支付成本、獎勵那些為你努力工作的人、回報投資人、獲取額外現金以進行創意的專案計畫等。切記，任何以創意過程起頭的事，最後都還是必須以利潤的產生作結尾。父母、朋友、銀行及投資人，只能在現金進來之前幫你暫時度過難關，你必須能夠獲利然後再次投資，才能壯大你的服裝系列以及財力。

如何計算獲利率？

讓我們簡單地先從成本開始看起，再來檢視獲利率（profitability）。所有的成本都可以被分成兩種：變動成本（variable cost）以及固定成本（fixed cost）。變動成本是會隨著銷售數量而增加的成本，例如布料及生產成本，獨立設計師習慣把製作原型的成本也算在內；固定成本則是所有其他包括銷售、員工薪資、辦公室必需品及租金、財務支出等成本，是你必須按月支付的成本，即便你一個月只賣出四件作品。

說到獲利率，我們指的是毛利（銷售額減去變動成本）及淨利（銷售額減去

變動成本,再減去固定成本)。圖7總結出計算毛利與淨利的各項因素。

「加成定價法」也是獲利率的關鍵所在,藉此,你以適當的因素加成你的變動成本,建立起一件件產品的銷售價格。如果「加成」可以囊括正確的要素,就可以成為一項極有價值的工具!前提是,唯有當你更了解各系列作品的要素,並且學會去調整這些要素,才能使你的作品維持相當的獲利。

經過不眠不休的努力製作設計、樣品,來回調整,你的原型已準備運送到展售展示,是時候訂定合適的售價了——對顧客來說合理到足以去購買你的產品、同時也足以維持公司營運所需的一個售價。你的製作助理有一長串的清單,包括品項、數量、歐元等資訊,可以讓你用來訂定出最佳的銷售價格。

在這個階段的過程中,你可能已經精疲力竭,心神跟跑馬燈一樣轉個不停。請保持專注力,因為這項加成的決定攸關重大。你只有一段短暫的時間可以銷售這個系列的產品,而它必須產生足夠的利潤,讓你可以維持接下來六個月的運作!所以,千萬別把這件工作留到最後一分鐘,設法至少在它們上架展示之前的兩週,把80%～90%的作品價格敲定,在最後衝刺的階段,你只需決定最後的10%～20%的產品價格即可。

商品怎麼定價?
從這樣季復一季的加成運作中學得你的經驗,是更為重要的事。我們看過許多設計師自豪地宣稱他們的作品可以加成2.3～2.4倍,但如果他們是在銷售之後進行計算,得到的最終數字實際上是截然不同的;所以在季後再做一次計算極為必要,並且務必寫下你對於下一季售價加成的推估。

你的系列架構並不總是一項完美的混合體,某些很成功的品項銷售數量相當高,然而另一個品項可能只賣出兩件紅色、五件藍色、二十件黑色。有些尺寸賣得很好,其他則否。如果你有自己的零售店,無可避免會有特定尺寸及顏色的剩餘庫存;即使你銷售給其他零售店,只生產你的顧客所訂購的品項數量,工廠也不總是準備好生產少量的訂單,說不定還會因此向你收取剩餘的費用。有時,你可能會因為訂單取消或是某間零售店歇業而多出無預期的庫存,過剩的庫存會對你的獲利率產生極大的

銷售
減去生產成本
= 生產後毛利
(margin after production)
生產後毛利
減去原型製作成本
= 生產及原型後毛利
(margin after prod & proto)
減去銷售成本
減去辦公室成本
減去其他固定成本
減去員工薪資等成本
減去折舊投資

營業利潤
減去財務成本

淨利

圖7 | 從銷售到毛利再到淨利

加成

= 原型製作成本的倍數
要考慮到:
布料成本
+ 製衣成本
+ 生產成本
同時兼顧:
+ 運輸成本
+ 代理商佣金
+ 庫存損失的估計數
(medium loss on stock)

圖8 | 加成的要素

影響——相當於大量的現金卡在你的庫存中，如果這一季沒賣出去，你的作品幾乎就可說是毫無價值了。要注意的是，幾乎每個人不免都會遇上庫存過剩的問題。

因此在決定加成時，把庫存的中度損耗考慮進去是較為周全的作法。為所有的品項訂定一個稍高的價格，得出一個合適的平均加成；如果你不這麼做，你的季後計算數字顯示出來的可能只有加成 1.9 倍，甚至只有 1.7 倍，而非「理論上」的 2.3 倍！這項小小的轉變看起來似乎沒那麼糟，但是如圖 9 所示，它對於留待支付固定成本的毛利，會產生極大的影響。

較為切合實際的做法是，對某些品項定價時，加成至少 2.3 倍。某些幾

生產成本	加成 2.3 倍／銷售	加成 1.9 倍／銷售
100.000	230.000	190.000
銷售減去生產成本	130.000	90.000
		-40.000
		支付固定成本的毛利較少

圖 9｜過低的加成所產生的重大影響

乎肯定會大賣的品項可以加成 2.5～2.6 倍，以便與某些實際加成可能會低於 2.3 倍的品項互補。

此外，藉著把所有的變動成本（參見圖 10）包括進去，以確定你的「要素」正確無誤。然後確定你有加成「高」與加成「稍低」的售價組合，這點就和一系列作品的整體架構（collection architecture）需要巧妙混合各種品項，是一樣重要的。

如前面說明，淨利等於售價減去變動成本再減去固定成本。不論你賣出 400 件或是 40 萬件的衣服，你每個月都得支付固定的成本（參見圖 10），因此，你必須提升至更高的財務層級以獲取真正的淨利。

固定成本
· 員工
· 辦公室相關費用
· 通訊
· 銷售人員
· 銷售代理商
· 展售間租金
· 財務成本
· ...

變動成本
· 布料
· 製衣
· 原型製作
· 生產成本
· ...

圖 10｜固定成本及變動成本的細項

4. 結構性融資和季節性融資

在畫出包括現金流入與現金流出的時間表之後，很清楚可以看出，設計師在某些特定期間會需要大量的現金。即使是獲利豐厚的公司，在經銷及現金流入之前，也需要充足資金作為原型製作、銷售、生產的週轉成本。

你的現金流量計畫顯示，一年有兩段時間（每次8到10週）需要更多現金，當然不只這兩段時間需要現金週轉。除了季節性融資也就是只到位幾個月的短期融資之外，所有的企業都需要長期結構性融資（structural long-term finance），至少到位5到7年的長期融資。不論你是身處設計、音樂或劇場工作，還是咖啡、電子產品行業，只有充足的結構性融資，才能讓你在必要時有足夠的行動能力，而且能迅速採取行動。

我們已經看過圖11，要重複強調的是，你必須使結構性融資可以到位數年，並在下列這些以黃色標示出來、財務需求較高的期間，結合經常性的季節性融資。

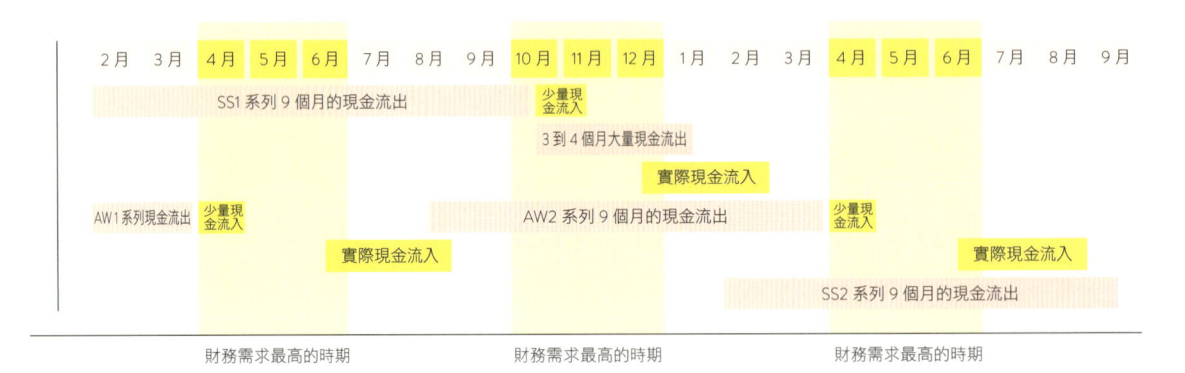

2月	3月	4月	5月	6月	7月	8月	9月	10月	11月	12月	1月	2月	3月	4月	5月	6月	7月	8月	9月
	SS1 系列 9 個月的現金流出							少量現金流入											
								3 到 4 個月大量現金流出											
										實際現金流入									
AW1 系列現金流出		少量現金流入						AW2 系列 9 個月的現金流出						少量現金流入					
				實際現金流入												實際現金流入			
													SS2 系列 9 個月的現金流出						
		財務需求最高的時期						財務需求最高的時期						財務需求最高的時期					

圖 11 ｜ 季節性融資的需求

如何尋找融資的來源？
在設計師這行，由於預先融資的期間長，因而產生的風險也高，因此充足的結構性融資至為必要。那麼，季節性融資及結構性融資的來源是什麼？

可以靠下列來源建構長期的結構性融資：
　　　…　自有資金
　　　…　三個 F：朋友、家人、傻瓜（friends, family, fools）
　　　…　天使投資人（Business angel）
　　　…　按股份投資的投資人
　　　…　投入次順位貸款（subordinated loan）的投資人
　　　…　銀行提供的投資貸款（investment loan）

你可以靠下列來源取得季節性融資：
　　　…　銀行提供的商業貸款（commercial loan）
　　　…　群眾募資（Crowdfunding）
　　　…　供應商的付款條件

長期的結構性融資是指會被投入你的業務至少 5 到 10 年時間的資金，一般來說，結構性融資可分為股權（equity）及債權（debt）兩種。股權指的是以股東身分擔負投資風險所投入的資金，債權指的是以貸款方式擔負投資風險所投入的資金，大多來自銀行，但有時也會來自投資人。債權必須在貸款期限償還，而股權只在合作關係終止才須償還。

不同類型的股權
在邀請別人與你一起合夥做生意時，必須願意先以自己的錢來擔負投資的風險，因為只有在你展現出財務上的參與度，投資人或銀行才會願意加入，一起承擔這項投資的風險。如果你沒有大筆的預算，至少可以設法以公司還有其他的收入，譬如設計費或是短期的專案計畫費為由，說服其他人你有相當的投入程度。

天使投資人以及其他投資人可能也準備好跟你一起承擔這項業務的風險。天使投資人也是創業家，不僅在財務上投資你，還會以他們的管理知識、市場經驗及人際網絡關係來協助你；一旦他們決定了自己要投入的預算，就可以迅速作出投資的決策。其他投資人大多運作於某個資金組織中，他們投資提案必須先說服董事會才能執行。

不同類型的長期債權

一般來說,以房貸來比擬長期貸款最合適不過了:假設你借了20萬歐元,接下來的20年,你每個月都得還錢,部分是本金,部分是利息。

三個 F(朋友、家人、傻瓜)

長期債權資金的可能來源就是在你身邊的人、相信你有熱情的人,都可能會在財務上助你一臂之力。這些「軟貸款」[1](soft loan)可以在初期幫助你創業、克服你的現金流量問題,然而以長期來看,他們的總投資額通常是不足夠的,所以,從其他來源取得長期資金仍然相當重要。

向投資人貸款(investor loan)

某些投資人除了股份的投資之外,可能也想投入「次順位貸款」,意思是你不需提供額外的抵押品,像是自己的房子,即可得到這項貸款。次順位貸款一樣必須償還本金與利息,但這類貸款沒有抵押品,對投資人來說,血本無歸的風險極高,因此你必須多負擔利率中額外添加的風險溢價(risk premium);以2014年的數字來比較,有完整抵押品的貸款利率為4～5%,而附屬貸款的利率則為12～15%。

金融機構(financial institution)

正如常聽到的一句話:「銀行不承擔任何風險」,沒錯,金融機構不允許承擔任何風險,必須有足夠的抵押品與未償付的貸款相抵。儘管如此,你還是可以說服銀行提供你資金,只要你可以展現足量的銷售業績、獲利豐厚的業務、投入承擔風險的股權夠多,以及當你可以提供擔保或抵押品時,你還是可以說服銀行提供你資金,一長串的條件清單,你必須一一履行!而且,銀行也只能填補某一段時間內的財務需求,金融機構會希望看到你的現金流量計畫,確定什麼時候你會有充裕的現金流入,能夠償還貸款的本金及利息。

---

[1] 「軟貸款」指並非出於商業理由而提供的貸款。

季節性融資

季節性融資意指你在一年之中,只有一段特定的短暫時期會使用到的資金。這類資金最重要的來源就是銀行的商業貸款,大部分都是提供一個你可以使用的信用額度,利率相當高(高達 9%～11%),但你只需支付自己在那段期間內所使用資金的利息總額。圖 12 即指出商業貸款及投資貸款之間最顯著的差異為何。

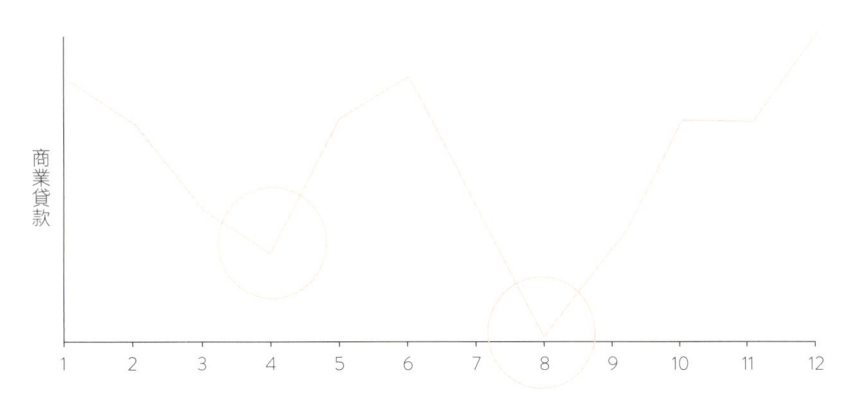

顧客付款時 = 使用較少貸款
當你付款給供應商時 = 使用較多貸款
已使用的資金才會產生利息

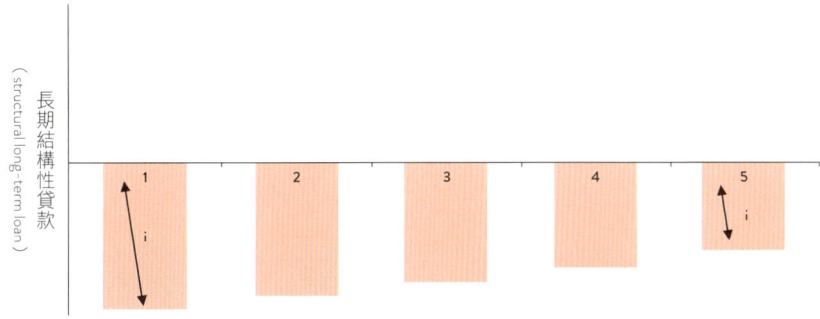

你貸款買房子時:每個月都得償還若干未償還總貸款的月息。

(structural long-term loan)

圖 12 ｜ 商業貸款和長期貸款比較

短期資金的另一項「來源」,是獲得供應商更多的信任,他們才會給予你的公司更長的付款期限,雖然這得花上好長時間,至少 2 到 3 年的「良好表現」。

「群眾募資」也逐漸成為一種短期融資的常見形式(或「專案融資」project finance)。隨著網路平台的興起,某些專案計畫的創辦人開始在這些平台上向會員或網路群眾,推銷他們深具創意及創業精神的方案,在雲端籌措資金。如果人們對某個案子有興趣,就可以質押一筆錢讓它成真。但要注意的是,根據經驗,這種模式多為短期的專案融資,因為其通常預設為一次性的融資募集。群眾募資另一項有趣的優勢是,可以充分發揮粉絲群的影響力,藉此向其他投資者證明你的市場接受度有多高。

尋求適當的融資組合

好的資金來源組合，和良好的服裝系列架構組合一樣重要。一方面，你需要一個股權結合債權的融資組合，另一方面，你也需要充裕的長期融資及季節性融資。

理想的組合必須依據時間及局勢情況的條件而定，沒有一種叫做「天靈靈地靈靈」保證馬到成功的公式。通常在創業階段，在能說服銀行在你身上下賭注之前，你會需要較多的股權或投資人貸款；當營業額隨著幾次熱賣而不斷成長，銀行對於以季節性融資的方式、為你所確認的訂單籌措資金，才會表現得比較熱切。

但是，即使你的品牌已問世達 5 年、10 年之久，當你的公司成長快速、你開始想實現大型投資計畫時，可能會先需要利用額外的股權或資產，然後金融機構的協助才會隨之而來。重要的是你要了解，長期融資不是這個合作夥伴或那個合作夥伴的單一問題，而是這個合作夥伴以及那個合作夥伴、還有其他合作夥伴等，關鍵在於這個組合要做好準備，並且可以持續運作下去。

確定你已經有充裕的結構性融資到位，準備為你填補至少 4 到 5 季的資金缺口！我們看過積極起步的設計師，極度仰賴季節性融資的運作，卻卡在快速成長的季節需求競賽中；銀行無法配合他們對資金的需求，因為他們的公司在股權或長期融資上都無法跟上成長速度。在一開始的成長階段，銀行會跟著提供更多的季節性融資以配合他們不斷成長的營業額；但銀行看的不只是營業額的成長，也會拿股權增長來相比，長期評估總債務增長。如果你的股權增長速度不如你的總債務增長速度，就很難說服投資者或銀行。所以，務必一開始就要讓充裕的結構性融資到位。

完善的營運計畫，將替你爭取更多資金！

一份架構完善、撰寫得宜的營運計畫，對於獲取來自銀行及其他金融機構的結構性融資至關重要。別害怕開始下筆撰寫，它並非一門精確的科學（參考第七堂）。

擬定一份好的營運計畫就像是述說一個故事，你得抓住聽眾的注意力，牽著他們的手、帶領他們進入你的故事情節，吸引他們聽到最後一刻。營運計畫是一項有趣的工具，不僅可以用在與銀行以及其他投資者溝通，還可以用來與供應商及大型顧客溝通。從另一個觀點來看，寫下你的抱負、追求的目標、如何達成的方法，也是非常有用的一份計畫。

我們可以寫一份 200 頁的營運計畫，也可以在網際網路上就這個主題找出兩百萬次的點擊率，但是，我們已體驗到讓它保持簡單的力量。利用以下的準則來發展你的計畫內容，讓它聚焦於重點上別離題，並與不同的同事、潛在客戶、供應商等人討論，將會讓這項過程更有價值。

營運計畫應該涵蓋下列議題：
- 你的背景？
- 你迄今已實現了什麼目標？
- 描述你的活動及獨特定位優勢。
- 你的產品有特定的市場嗎？
- 在你打入市場的計畫中有哪些具體的銷售成果？
- 你想用什麼通路去銷售你的產品？
- 你的收入來源？
- 你的基本固定成本以及變動成本？

讓營運計畫內容更精準的技巧：
- 保持切題。提及你愛狗這件事（舉例），只有在你是為狗設計時尚作品時才有關聯性。
- 特別關注於產品上市方面的問題。不要迷失在細節或理論中，保持務實和實用性。說明你在前六個月中的營運重點，會讓這份營運計畫更有說服力。
- 你會用自己的銷售人員嗎？
- 用兼職的銷售人員聯繫買家？

- 搜尋兩百位買家帶來四十個預約見面的機會？
- 自營展售間或是品牌集合店？

當你提到一張大訂單，是 20,000 歐元還是 12,000 歐元？小訂單平均是 6,000 歐元還是 5,000 歐元？接下來的 6 個月，你所關注的焦點與成長是什麼？

- 這些問題的答案遠比說，你計算的市場占有率是「0.7%，3 年之內會成長到 6%……」給人的印象更為深刻。
- 敢於要求你所需要的資金。許多創業者把這個問題留作開放選項，彷彿銀行以及投資人可以自行揣測，但這並不是處理這個情況的專業方式。一方面解釋你的財務需求原因何在，一方面解釋你的資金會從何而來；詳細說明你自己會投入多少錢，以及你已經有多少外部資金到位，相對還有多少資金的需求。最後，確定你希望銀行或投資人可以提供多少資金。

時尚觀點總結：成功經營時尚企業的4大關鍵

- 留意不同作業的時程，切記不同作業與不同季節重疊的部分。
- 確定你知道自己需要多少現金，以及何時會需要用到它們。
- 千萬別忘了，每家企業都需要利潤才能生存下去，確定採用了健全適當的加成定價法，別把這項決策留到最後一分鐘才做。
- 要讓充裕的長期結構性融資到位。利潤是讓你獲取結構性融資的唯一方法，而結構性融資需要不斷地成長。

建立起結構健全的企業，你才能擁有自由，專注於對你來說最重要的事：設計作品的創意過程。

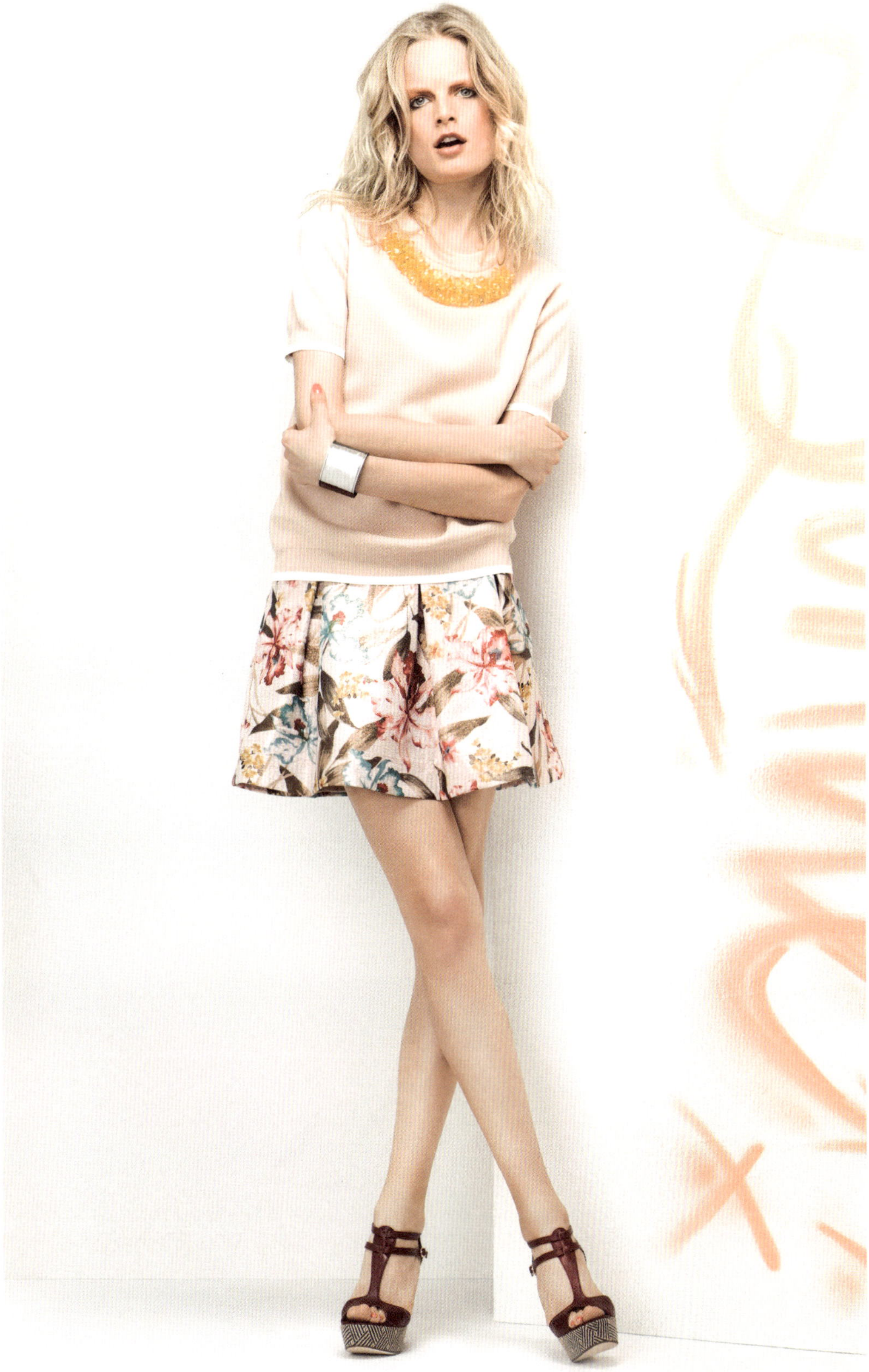

case # 6   Essentiel

採訪／楚依・莫爾克

172 | 173

" 我們的目標是
　　征服國際市場。"

家喻戶曉的中價位品牌 ── Essentiel

這一切皆始於 1999 年所推出的一系列基本款 T 恤。一對生活伴侶及商業合作夥伴埃斯凡・艾凡特薩達（Esfan Eghtessadi 比利時時尚設計師 Nicole Cadine 之子）與充滿魅力的英格・昂西（Inge Onsea）把他們的作品取名為 Essentiel，把他們的公寓當成作品的展售間。

今天，Essentiel 這個風格有趣迷人、價位中等的時尚品牌，已經擁有 27 間自營店、135 個合作夥伴，並且於 500 間以上的品牌集合店販售。艾凡特薩達及昂西仍然擁有並經營這家公司，湯姆・迪波特（Tom Depoortere）則擔任品牌的藝術總監，他說明了 Essentiel 這個品牌的經營理念。

" 由於我們努力建立清楚的品牌識別，
　　因此在國際市場上成功得到了關注。"

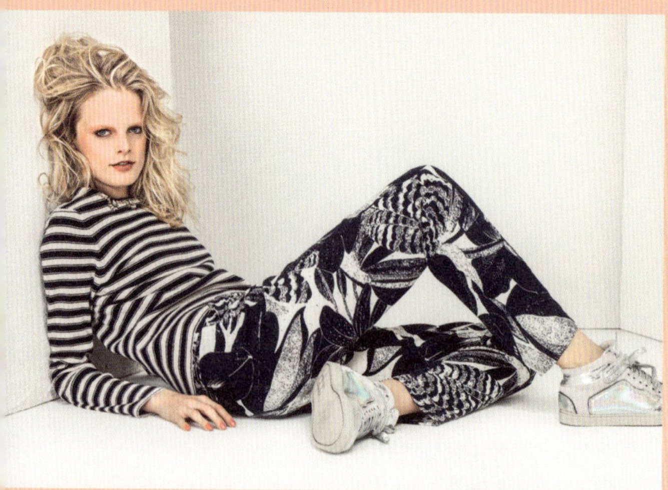

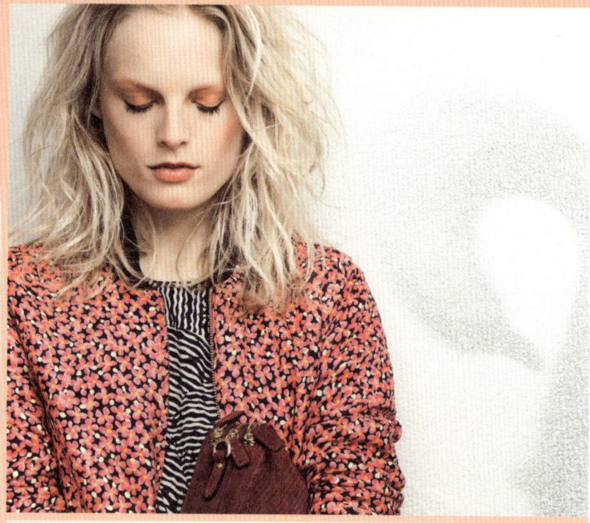

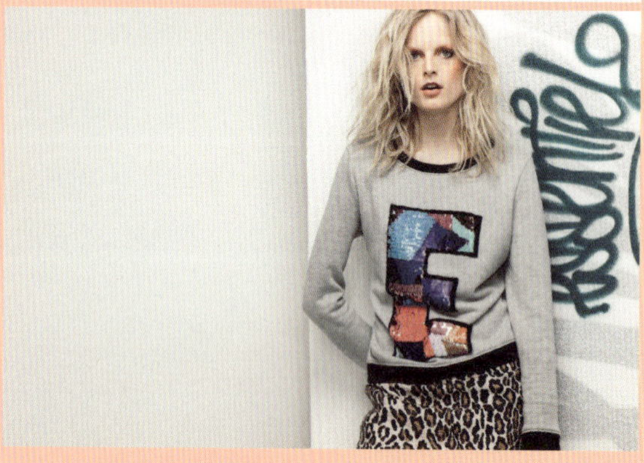

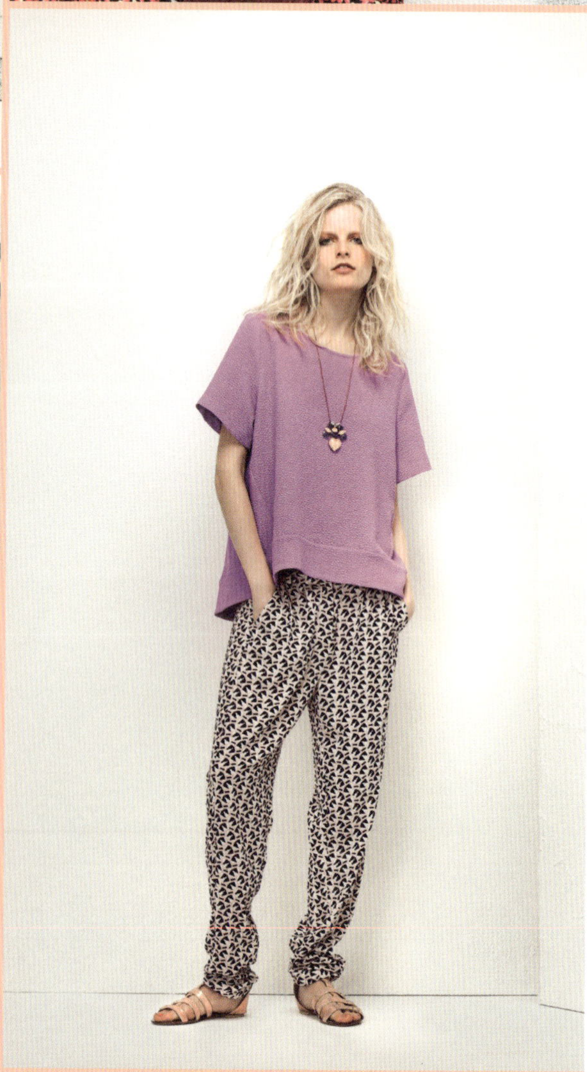

> "我們相信即便在艱難的時期，
> 　人們還是想要做夢。"

Essentiel 的故事著實令人印象深刻，短時間內就在比利時成為一個家喻戶曉的品牌，你認為它成功的主要因素是什麼？

熱情、苦幹、一部分的好運氣，尤其堅守我們自己的品牌識別以及故事，即使這一路走來並不容易。我們始終不斷質疑自己、不懼怕嘗試新做法與尋找新方向，因為我們必須要保持領先於競爭對手之前。

2012 年，Essentiel 決定縮減作品以集中它的關注焦點，原因為何？這對 Essentiel 來說是一項徹底的改造嗎？

是的，我們進行了相當徹底的改變。我們曾經有過 20 位以上的代理商，每個人都給予我們缺乏經驗的意見；問題就在於，當你想要取悅每個人時，反而會不知道該何去何從，客戶與代理商也會隨之無所適從。一路走來，我們迷失了自己。因此，我們有必要給自己重新充電、加強 Essentiel 的品牌識別。這樣的做法當然會導致極大的壓力與不確定性，但最終還是成功地讓我們往前推進。

Essentiel 很早就開設了自己的旗艦店，為什麼考慮這麼做？

我們發現，讓人們看到我們眼中的 Essentiel 所欲傳達的形象十分重要，希望使顧客也能沉浸於我們的宇宙之中；而要做到這一點，最好的方法就是擁有自己的零售店。購物是一種情感的體驗，而要在品牌集合店的環境中，創造相同的 Essentiel 情感相當困難，這也是為什麼我們會這麼迅速就做出開設自營店的決定。現在，我們設法在自己的網路商店上營造出相同的品牌情境，因為即使是在網路上，給予顧客完全的 Essentiel 體驗都是相當重要的一環。

近年來，Essentiel 開始擴展至國外，為什麼會想跨足國際市場？

我們在比利時的市場已趨近飽和。在比利時，幾乎每座大城市都有我們的自營店，所有體面像樣的品牌集合精品店也都銷售我們的產品，這也是為什麼，我們終究得往外尋求其他不同的市場。我們的公司做好了準備，認為自己已強大到足以往外開拓其他的國外市場，因為有些國際客戶已經在等待我們的到來。由於我們始終致力於建立 Essentiel 明確清晰的品牌識別，我們可說已經擁有相當的國際知名度。

你怎麼看 Essentiel 從現在開始往後 5 年的發展？

毫無疑問，我們希望能在海外所有時尚重點城市開設更多的自營店，如此一來，必能提升、鞏固 Essentiel 的國際知名度。同時也希望能擴展自己的網路商店，目前我們的網路銷售只針對荷比盧及法國客戶。我們的目標是征服國際市場，期許 Essentiel 能成為一個國際知名的時尚品牌。

經濟危機給中階品牌帶來相當的困境，但 Essentiel 的表現依舊亮眼，Essentiel 的與眾不同之處在於？

即使在經濟危機發生的時期，我們始終堅持做自己，從不因此而選擇走「安全」或是「簡單」的道路。相反的，我們的作品越發大膽，越發勇於創新並「突破現有框架」！我們相信即便在艱難的時期，人們還是想要有夢，還是想要發現嶄新的作品。

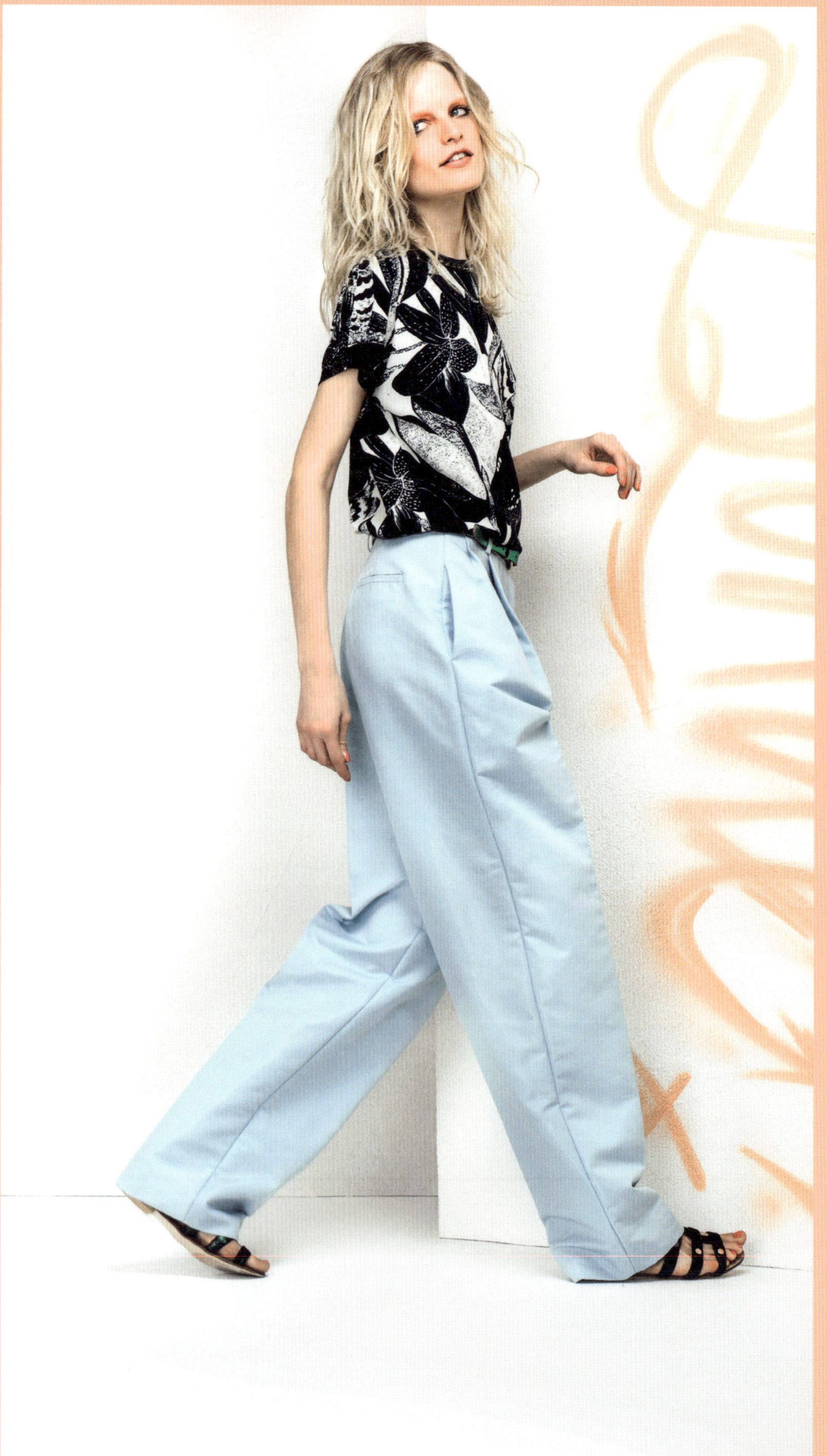

THE NUTS AND BOLTS OF STARTING AN INDEPENDENT FASHION LABEL

第七堂
獨立品牌成功存活的基本要素

瑪莉・迪貝克
Marie Delbeke

打造舉世聞名獨立品牌的實戰計畫

本章將聚焦於開創時尚品牌的實用方法，呈現來自各方平衡詮釋的結果，包括剛起步的設計師每天所面對的現實世界，時尚界相關的商業讀物，以及許多來自與比利時和國際時尚界人士的對話。

事實上，這是了解複雜時尚產業現實情況的一個簡化方式，雖然對於在這個產業打滾多年的人來說未免多餘，但對於「外行人」來說，這個產業的規則與標準並非不言自明，因此我們也藉此帶你逐一檢視各項基本知識。這是個充滿創意及感性的領域沒錯，但首先別忘了商業現實面：只有辛勤工作，才有成功可能。

我們將注意力放在獨立時尚品牌的競爭力起點（參考第一堂：如何替你的時尚品牌定位），因為這個部分描述的是比利時時尚產業的特性，使其不但舉世聞名，而且在國際舞台上占有重要的一席之地。

貫穿整篇文章的黃金思維就是在勸告你，展開時尚冒險之旅前先做好充分準備。當然，你永遠不可能做好萬全的準備，但閱讀本書是一個很棒的起點。充分的準備包括了解產業如何運作、定義產業背後的「主導邏輯」（dominant logic）、密切關注影響產業的力量，以及擬定進入市場的策略與計畫。

這些準備，包涵這個領域所遵循的「主導邏輯」中各個不同面向。充分了解這些面向，讓你跳脫既定思維，並獲得獨特的競爭優勢[1]。

1　出自於 Van Andel, Jacobs & Schramme 2012.

> "時尚不是一門藝術,
> 但是它需要藝術家的存在。"
>
> ——皮埃爾・貝爾傑
> （Pierre Berge）

本書倒數的第二堂課,強調的是這個步調快速的產業中近來發生的各種變化,應可激發你對於新趨勢及其演變發展的掌握,讓你能夠及早察覺未來的商機、著手解決難題。我們整理了各種技巧和祕訣做為本章總結,在展開你的時尚事業時即可派上用場。

但在進入正題之前,有必要先強調企業對企業 B2B 的環境:你把產品銷售給一位顧客,他再轉售給最終消費者;與企業對消費者 B2C 的環境:你把產品直接銷售給最終消費者之間的差異。

大多數的獨立設計品牌會把重點放在企業對企業的銷售,意思是他們會把服裝以網路或實體通路銷售給品牌集合店、精品店以及百貨公司(在此多指買主或顧客)。因此,留意顧客與最終消費者之間的區別。

獨立品牌的業內競爭

麥可‧波特（Michael E. Porter）的五力分析[1] 模式，經常被用在定義某特定產業的競爭程度。波特模式建立在五個影響產業的因素上，也就是顧客及供應商的談判議價籌碼，以及來自新進入者、替代性產品（substitute product）及競爭者的威脅。產業的競爭程度即由這些因素所組成，亦可從中得出有關該產業的吸引力及獲利率之結論。把這個模式套用在獨立時尚品牌上，即可看出這個領域已達飽和，並且競爭異常激烈。

1. 顧客的議價籌碼

在企業對企業的範疇內，這個小眾市場區隔中的買主影響力十分強大。有能力支付高價的最終消費者數量有限，而且並非人人都欣賞高度的設計創意，因此，提供這些高端小眾作品給最終消費者的零售店及精品店數量也極為有限；保險起見，這些店家反過來會針對忠誠的最終消費者提供投其所好的商品，主要是這些消費者所認識、喜愛、而且會購買的品牌。

對這些店家買主來說，購買新的獨立時尚品牌作品，就代表著必須承擔風險，因為他們不確定你的作品銷路如何，你能不能在未來持續維持著相同的創意與美學水準、以及你所承諾的品質，例如合宜的尺碼、織物衣料及生產品質。

買主也越來越密切關注自己的採購預算，他們從亟需獲利的出發點考量，使得剛起步的設計師很難把自己的作品銷售給這些買主。以執行的情況來說，這意味著買主在實際下訂單給一位設計師之前，往往會密切觀察該設計師的作品長達一到三季之久；如果第一季的作品銷路頗佳，買主可能會對接下來的一季下一張較大的訂單。

2. 供應商的議價籌碼

並無具體的跡象指出供應商有顯著的議價籌碼，可以對市場施加壓力。然而，在時間消耗量極大的時尚產業中，值得信賴的生產合作夥伴絕對是一項真正的資產，讓你能夠達成一定的品質標準以及嚴格的交貨期限。

[1] 波特五力分析模式（Michael Porter's Five Forces Model），又稱波特競爭力模式。用於競爭戰略的分析，可以有效的分析客戶的競爭環境。

3. 新品牌的威脅

開創一個時尚品牌並不難，進入這一行的門檻也很低，因此新品牌在各地如雨後春筍般出現，競爭的激烈程度也隨之加劇，這個情況更因來自新興市場的新設計師品牌出現而越演越烈。我們可以得出的結論是，新進入市場的獨立時尚品牌所帶來的威脅，是極為嚴峻的考驗。

4. 來自替代性產品的威脅

間接的競爭（indirect competition）型態，以零售連鎖通路如 Zara 及 H&M、猛打廣告的奢侈品牌、以及在商業性與創造性間取得平衡的商業品牌的方式存在。倘若消費者把錢花在後者，就無法把錢投資在你的設計品項上，意味著市場提供了許多替代性產品。

這些日子以來，娛樂產業提供的選項以及消費者所擁有的選擇都越來越多，在某種程度上來說，對於你的品牌消費也是一種「威脅」；因為個人預算有限，錢花在室內設計、城市旅遊、購屋上，便無法投資於設計師的服裝上。

5. 競爭者的威脅

直接的競爭（direct competition）不但包括其他出道不久的年輕時尚品牌，也包括許多歷史悠久的時尚品牌；後者已經建立起忠誠的客群及消費群，並且擁有專業知識以及相當銷售量的競爭優勢。由於極具創意的成衣作品消費者數量有限，剛起步的時尚品牌所面對的是以全球為範圍的激烈競爭。

上述因素指出，年輕的獨立時尚品牌極可能會面臨競爭極為激烈的產業環境，儘管如此，許多設計師依舊前仆後繼地推出他們的品牌。然而比起推出新品牌，要在業界生存三年以上，並且擴展業務以具備長期的競爭優勢，似乎更加困難。

你需要結合才華、創作技巧、對於企業及商業的洞察力、創業的天賦、很棒的人際網絡技巧以及大量的好運氣，才能推出一個獨立時尚品牌並且持續經營下去。

成功推出獨立品牌的 9 大關鍵要素

為了大幅提升成功的機會,準備推出時尚品牌之前,首先一定要了解你運作的環境;其次,發展營業計畫,說明你打算如何進入這個市場。許多新設計師對於撰寫營運計畫感到興味索然,然而它卻是所有創業公司的一個關鍵階段。一步步地撰寫這項計畫,把它視為你起步之前必須做好哪些準備事項的指導方針。

先界定你的使命,品牌存在的理由及你的願景,並設定一項可衡量的目標,而你的營運計畫就該包括所有必須的步驟,以實現這項目標。

別把營運計畫視為某種「靜態」的紙上作業,只是用來在一開始時幫你找到事業或財務的合作夥伴。事實上,營運計畫也是一項對於長期業務經營極有價值的工具,驅策你發展出長期的願景,幫助你界定並關注於你這一路走來,有哪些機會與決定是你應該掌握的、又有哪些是你應該放手的。務必根據環境的變化定期調整你的營運計畫,但必須始終牢記自己最初的目標為何。

你可能想當下一位在國際時尚週展示作品的獨立時尚設計師,又或者你可能想創作僅銷售給有限客群的小型作品,同時與其他產業的夥伴們一起合作創意方面的專案計畫。每個人通往成功的道路不盡相同,取決於個人的目標為何。比較比利時高端設計師德賴斯·范·諾頓與華特·范·貝倫東克兩人的職業生涯,即可清楚說明你的願景會如何影響你對於成功的定義。德賴斯·范·諾頓擁有一間歷史悠久的公司,他的作品在全世界最主要的百貨公司都可以找到,最重要的時尚城市中也都有他的旗艦店;至於華特·范·貝倫東克,他專為極特定的市場創作小眾作品,同時致力於創意合作案,完美結合自己身為創意設計師的工作,以及皇家藝術學院時尚學系主任的職責。

接下來,某些在你起步之前必須加以考量的關鍵要素將列舉如下。各個面向的決策會影響你如何達成你的願景及目標,並將你所面對的限制和條件都考慮進去。這些要素都是你的營運計畫中必要的組成條件。

1. 擬定策略 —— 好的營運計畫免你下地獄

你的營運計畫會為你策劃好通往成功的道路，帶領閱讀這份計畫的人逐步走過公司的設立過程：從公司的組織及歷史、你想達成的願景及目標，到你將採用以達成目標的策略。

策略會先以較為抽象的詞彙加以定義，然後再細分為更具體的規畫：關於你想在市場上占有什麼樣的地位、你將面對的競爭環境、你將採取的傳播方式，以及最重要的財務面 —— 你如何為這些計畫籌措資金。

由於你要進入的是一個已經飽和的市場，你需要一套焦點明確、主動出擊、聰明靈巧的策略，確保你可以在市場生存好一段時間。要知道，即便你的作品極具創意及獨特性，也無法保證你會成功。

每一間成功的企業都有它的獨特銷售主張，也就是使企業能夠獨一無二、深具競爭力的事物。是什麼使你的品牌在市場中可以脫穎而出？是什麼能使它不同於極具創意的奢華作品，也與那些在商業大街上每隔幾週就推出價格實惠新作品的連鎖商店有所區別？

獨特銷售主張往往能幫助你確認直接以及間接的競爭對手，檢視他們的優勢與弱點。你要加以研究的不僅是品牌的作品，還有它的傳播方式、銷售地點、訂價等，這些將有助你進一步定義自己的獨特銷售主張以及整體策略。

2. 提前計畫 —— 抓準時間交付產品

時尚產業具有時間密集（time-intensive）的產業特性，使得計畫相形之下顯得越發重要。作業期限非常緊湊，往往在你進行計畫之時，時間都已經延誤了！獨立時尚品牌通常在一年兩季的時間架構下作業，意味著在同一時間點會同時作業並花錢在至少三季的作品上：設計一季的作品、展示或銷售另一季的作品、交付這一季的作品。

因此你得不斷規劃，同時對於意外的延遲有心理準備。回溯性計畫（retro planning）在這方面是一項很有用的工具，從你的最後期限往前回推計算，看看你需要完成什麼事項才能趕上期限。

營運計畫（operational plan）可以列出你日常營運的業務。在時尚產業，最重要的期限就是在時尚週對買主及媒體界展示你的樣衣作品，以及交付產品給零售商店。一切都必須以這些期限為前提去進行規畫。

接下來，規劃一套可以與營運計畫密切配合的傳播計畫（communication plan）。每個有趣的專案或活動都是有潛力的媒體故事，規劃你會於何時以及如何嘗試與媒體連繫，並利用回溯性計畫的方式確定你需要先準備好什麼；也就是說，從你的最後期限往前回推到你做計畫的這一天。

執行計畫還需要預算。製作財務計畫（financial plan），要緊密配合你的營運計畫及傳播計畫。

預先融資期間極長是時尚產業的特點之一，由於貨到付款準則（cash on delivery policy）適用於整個業界，設計師得先行投資於樣衣作品及生產作業，完成之後才會收到大量的款項；所以請切記，你銷售的數量越多，就得為生產提前融資越多的資金預算。

一年兩季（春夏與秋冬）的作業時程，也意味著一年之中只有兩個銷售期，卻得支付全年度 12 個月份的費用。因此你的財務計畫中，最重要的部分就是現金流量計畫，用來規劃你每月財務狀況的一項工具，讓你有個整體概念，知道什麼時候錢會進來、什麼時候會出去；記住，這跟收訖或寄出發票無關，而是跟付款的時間有關。現金流量計畫不但可以幫忙計算出你需要多少錢投入製作樣衣系列，並為其生產預籌資金，還可以計算出你在接下來的幾個月該如何分配收入（參考第六堂：對的財務決策，決定品牌生死）。

3. 公司與團隊 ── 找到契合的隊友是關鍵

在思考你公司的策略時，需要思考設立公司、經營業務，你要組成哪一種的團隊。許多設計師自己開創公司，但與他人合夥推出品牌，藉助他人與自己互補的技能，以大幅提升新創時尚品牌的成功率；如此一來，設計師可以專注在創意這一塊，合作夥伴則可承擔組織及業務方面的重責大任。

為了發展出堅實穩固的合作關係，你們都必須有確切的認知，能尊重彼此的工作及才華，也了解彼此的責任為何，並確定彼此對公司的願景以及實現願景的方式皆有共識。在一開始合作時就該把這些問題都談清楚，否則，雙方若是對於公司的未來有不一樣的想法，到了某個關鍵時刻，可能會不利於公司的成長。

在剛開始的幾年，你的核心團隊會維持著相當精簡的人數，因為大舉招兵買馬是相當昂貴且風險很高的作法。但相反的，你會跟許多供應商、顧客、自由工作者以及其他夥伴一起合作。有鑑於今日的時尚行業極端緊湊的節奏，身邊得有一個效率極高的「團隊」才能趕上你的期限；這一連串的運作中只要有一個環節延誤了，就可能導致訂單被取消，進而產生賣不出去的庫存，連帶也沒有預算可以為新的系列進行設計並製作樣衣。因此，建議你與不同的夥伴建立長期的合作關係，並且無時無刻都要做好公關。

確定你了解自己還有合作夥伴的優缺點，界定自己能力上的缺口，而身邊的團隊之中有人可以彌補這個缺口，還有人樂於去做你不喜歡做的事。

4. 品牌傳播策略 ── 準確接觸「你的消費者」

品牌傳播在一個像時尚這樣充滿創意及感性的產業之中，扮演著極為重要的角色。每當有人正視你的品牌，就是傳播發生的時刻：傳播品牌的名稱、設計、作品本身；甚至連身為品牌設計師的你如何行事、穿著、舉止，都會影響人們如何解讀你的品牌。

定義品牌識別是擬定傳播策略的出發點。品牌識別可以用文字（舉例來說，品牌名稱、廣告標語、網站上的介紹文字）來表示，也可以用視覺化（透過圖像、版面設計、顏色）的方式呈現。準確定位你的品牌在市場上脫穎而出的特點，進而找出可以表達這個特點的傳播策略。

要注意的是，雖然每一季的作品都得充滿新意與驚奇，但品牌識別是穩定的，並不會隨著時間而改變。你的品牌識別是一個貫穿你所有作品的連貫故事，而你藉由一次次的作品來傳達、訴說這個故事。
公關及傳播都是在說故事，建立一個跟你的品牌識別有關的有趣故事，

符合你想出現在媒體上的方式，像是在平面媒體或社群媒體上等。獨立新創品牌在剛開始時很容易吸引到媒體的注意力，因為人們喜歡閱讀有關新的創意及創業人才的報導，然而如何讓這個故事繼續保持有趣，才是一項更大的挑戰。

要定義什麼是一個好的故事，得先識別「你的消費者」是誰，簡言之，就是你為其設計作品的那個人，這會是你的傳播策略及銷售策略的出發點以及受眾。不要只根據人口或地理要素來界定你的消費者，而是要去描繪出他們如何生活、購物、外出，以及他們在哪裡做這些事情，什麼事會讓他感到興趣，他會看哪些雜誌、部落格以及其他媒體。認識並了解你的消費者可以讓你塑造一個真正吸引他們的故事，並且可以利用正確的媒體接觸到他們。

你可以自行聯繫、爭取媒體關注，或是與一間公關公司合作，讓它代表你去訴說你的故事，並與媒體建立關係。雖然後者的作法涉及一筆每月固定的支出成本，但一間好的公關公司擁有絕佳的人際網絡，也了解不同媒體喜歡報導什麼樣的故事，懂得投其所好。不過，也別以為公關公司就可以解決所有的傳播難題，你還是得提供有趣的素材讓他們去發揮。公關公司可以幫你節省時間以及每天追蹤的後續作業，但你仍然必須投資時間與金錢，把你的故事帶到世人面前。

由於大型企業因經濟衰退的影響，一方面削減傳播預算、一方面把預算分配給新的傳播型態，平面媒體所面對的壓力與日俱增：不但必須負擔更大的壓力以取悅留下來的廣告主，連編輯團隊的規模也縮減了。因此，建議你盡可能讓合作的媒體方便作業：確定你可以提供好的圖片以及拍攝效果好的有趣服裝與配件；迅速回覆你的電子郵件及電話；然後想出有趣的故事。

發掘社群媒體掌握的各種可能性。有眾多創造力及可能性可以運用來傳播你的品牌故事以及建立專屬社群、讓你的社群知曉你的故事。這些管道提供你機會，無須廣告預算或公關公司的協助，便能發揮創意、觸及「你的消費者」。你也可決定結合不同的策略：自行經營社群媒體，同時要求公關公司運用專業幫你兼顧平面媒體、特定專案或區域等範圍。

（參考第三堂：時尚產業的網路傳播大挑戰）

良好的傳播與溝通也意味著，你的團隊及眾多業務上的合作夥伴都認識並且了解公司的價值、願景以及策略，明確地界定責任，務必以符合品牌識別及品牌傳播的方式去經營你的業務。在各個層面都採取透明、公開的溝通，會幫助你以最有效率的方式達成目標。

5. 界定市場──根據品牌形象訂出對的價格

創業家會觀察市場上有什麼需求的缺口，然後推出相關的業務以滿足這項需求。然而，時尚設計師基本上就是想設計出美麗的作品，所以必須跟著他的市場走。如前面提到，認識消費者的生活型態，不但可以讓你接觸到他們，還可以界定你的市場在哪兒，同時幫你研究競爭對手們已經提供這個市場什麼樣的產品。

但是別忘了，一切始於價格。為你的作品決定價格，絕對是你做過最艱難、也是最重要的決策之一。

先計算出作品系列中每一個物件的生產價格（production price），再納入一個平均加成：如果你經營的是一個獨立時尚品牌，通常加成幅度至少50％而這就是所謂的批發價格（wholesale price）。剛開始，你可能只計入材料及製造的成本，但真正的生產價格也應該包括樣品製作、管理費用、交通運輸，以及直接銷售的成本。

接下來，計算你的最終消費者在零售店購買你的產品時所支付的價格：以批發價格乘以 2.7（參考第六堂：對的財務決策，決定品牌生死），即為販售成衣的零售店及精品店提供成衣作品的平均產業毛利。把這個建議的零售價格與消費者願意為你的商品所支付的價格做比較，也就是說，參考競爭對手在市場上所提供的售價。如果你的價格無法與其相符，請設法降低你的生產價格。

一般來說，你附加於產品上的每一項細節如果會讓你的生產價格提升 10 歐元，就意味著會讓最終的零售店售價增加 54 歐元。當你在設計時，自問你的消費者是否對這個細節在意到願意為它多付 54 歐元？價格是相當重要的一環，因為它們在一定程度上也定義了你的形象，代表你所汲汲營營的這個市場區隔，以及你如何對這個市場傳達你的品牌。

如果在一開始就忽略這些毛利的重要性，例如以更優惠的價格說服顧客及消費者，不僅會導致連成本支出都無法彌補的財務困境，還會讓你辛苦建立起來的忠誠客群，產生訂價及認知感受上的問題。每個時尚品牌都必須在市場上找出自己立足的一席之地，在創造性與商業性之間取得平衡。雖然許多設計師一開始時宣稱他們不會向商業靠攏，但是想在不考慮某些商業取捨的情況下經營一個時尚品牌，幾乎是不可能的事。一個解決之道是創造該品牌的副牌（sub-line），以一系列生產成本較低的作品，來提供更廣大消費群負擔得起的產品。此時，高端的產品線仍可繼續作為設計師的創意出口以及品牌精髓的溝通管道。

6. 銷售策略 ── 想辦法與顧客建立長期關係

認識並了解你的最終消費者、顧客及市場，是良好銷售策略的基礎。關鍵在於為你的產品訂定正確的價格，以及創造出一個完善健全的系列作品架構，亦即規劃你一系列作品的範圍，使它盡可能吸引越多目標市場中的消費者。如此一來，你的系列作品架構中會包括較為奢華的商品可以對新聞媒體進行傳播，也會包括行銷上較困難、以及較為基本的商品，以一種平衡、協調的方式被建立起來。

把每一季的作品周詳地安排在一個矩陣，相當於一項系列計畫，讓你可以對你的銷售團隊、顧客以及媒體進行傳播並溝通作品的創意願景。

經銷管道的選擇，取決於你的目標消費群。如前所述，你可以選擇著眼於企業對消費者（B2C）的環境或是企業對企業（B2B）的環境；大部分的獨立時尚品牌剛開始時會先在後者的商業環境下運作，隨著業務的成長，才會加入前者的部分。

把握時尚週展示作品，吸引對的買主

在企業對企業的情境下，你會在國際時尚週對媒體及買主展示你的系列作品，其中，以巴黎、倫敦、紐約和米蘭的時尚週活動仍然是最重要的時尚盛會。大型品牌及時裝公司多為自己的新服裝系列安排時裝秀，以便出現在新聞媒體上，因為在時尚界，時裝秀可說是最重要的傳播工具；對於極富創意的企業來說，時裝秀甚至取代了廣告的投資。時裝秀會展示一系列作品中最浮誇、最奢華的品項，而較適合穿戴的商品則會在展售間進行銷售，買主也會在這幾週時間內到展售間參觀並下單。訂單確

認之後，生產流程隨之啟動，可預見的是幾個月之後，貨物即將送達這些零售店。

剛起步的設計師可利用的財務工具多半有限，因此他們通常會選擇使用自己的展售間，以邀請媒體及買主蒞臨，而略過在時裝秀上的投資。前來參加時尚週活動的重量級顧客來自世界各地，皆亟欲尋求新的時尚界人才。由於比利時的設計師時裝市場規模較小，設計師不得不從一開始就走向國際化經營。取決於策略與願景，某些設計師也會在國際展會中參展，這些展會在時尚週時安排展出，主要是針對在一年兩季架構下進行操作的商業品牌。

吸引對的顧客來參觀你的展售間作品，才是真正的挑戰。參與時尚週活動之前須先做好大量的研究，了解哪些零售店符合你的形象、哪些顧客可能會對你的作品有興趣。進行廣泛的邀約，但特別留意那些你真正想引起它們注意力的零售店；不要只關心那些參考指標的商店，而專注於如何與你的顧客建立起長期的合作關係。

買主會收到來自時裝秀、展售間、各式活動的無數邀約，因此，藉由某些新鮮的、令人興奮的、或是激發靈感的作法去獲取他們的注意力極為重要；你要讓他們對你的作品感到好奇，他們才會來親自前來發掘你真實生活中的作品。此舉可能會提高買主投資你作品的可能性，雖然買主基於財務風險的考量，極少會投資新人。

找到合拍的經銷商，大幅提升銷售量

在企業對企業的商業環境下運作，並不代表你就得雇用一支銷售團隊來進行全球性的營運。反之，你可以選擇透過一位「中間人」來運作，也就是與代理商或經銷商的合作，他們可以代表你的品牌、銷售你的作品給零售商。代理商在一個特定的地理區域中運作，賺取的費用以佣金為基礎來計算，經銷商則購買你的作品，承擔轉售的完全風險。好的代理商或經銷商應該擁有全面而完善的顧客網絡（customer network）。如果他的網絡與你的作品可以完美契合，就能大幅提升你的銷售量。然而有個缺點是，你的品牌與最終消費者之間的距離會因此而日漸遙遠，很難掌控品牌在零售店中所呈現出來的樣貌。

謹慎考量與中間人合作所產生的得失利弊。隨時切記，代理商或經銷商

並非銷售業績不佳的萬靈丹,好的服裝系列、服裝系列架構以及價格──品質關係(price-quality relationship)才是真正的解決之道。

開設零售店、網路商店可直接與顧客溝通
如果你想以企業對消費者的銷售途徑取而代之,你可以開設零售門市、雇用一支銷售團隊。在這樣的情況下,對於自己的品牌在門市所呈現的方式就可以有完全的掌控度,甚至門市本身都會變成一項品牌的傳播工具。這個方式也讓你得以分析最終消費者的購買習慣,並適當修正未來服裝系列的方向。這也是為什麼採取企業對企業運作方式的品牌會選擇在主要的市場開設旗艦店,以便直接提供完整的作品給最終消費者。

但是,別高估自行開設時尚精品店所能賺取的毛利,因為你需要預算支付銷售人員、租金以及最重要的庫存的投資等費用;開設一間門市的選擇,應該是出自於建立形象以及忠誠消費客群的驅動力使然。

當然,網際網路也為獨立時尚品牌提供了大量的機會。在網路上銷售看起來雖簡單,卻取決於你如何運作。一個選擇是把你的作品賣給網路零售商(online retailer),再讓他在網路上進行轉售,如此一來,他的角色宛如「線下買主」(offline buyer),承擔產品銷售的完全風險。相形之下,許多高端設計師的網路商店所具備的功能,比較像是創意平台或是網路展售間。而且自行開設網路商店意味著,一旦產品經由這個平台銷售出去,你就必須負責它的包裝、運送及交付;網路商店的確可以發揮吸引受眾的作用,但是你得承擔退貨、後續流程、以及庫存投資方面的投資風險。

是否推出自己的網路商店取決於個人策略,但如果你運作於企業對消費者的商業環境下,既然你已經為心目中既定的最終消費者做出庫存及傳播方面的投資,擁有自己的網路商店可能也會相當有趣。

簡言之,處於網路的環境下,應時時切記,在社群媒體上表示喜愛你產品的人跟會在網路上購買的人是不同的,更別提還要費心管理諸如退貨政策、運送、庫存投資等後勤活動。庫存在時尚季節結束時,幾乎等於一文不值,退貨在時尚產業更是影響甚鉅,有鑑於時裝必須提供各種尺寸與體型的選擇。像是鞋子及包包之類的配件及童裝,網路銷售往往較為成功;但對於一個新的高端時尚品牌來說,要在網路上展現出合宜的

剪裁與品質則有相當的難度，因而降低了以這個方式銷售昂貴商品的可能性。

7. 財務融資 —— 做好現金流量計畫、確實預測週轉資金

藉由列出並預測達成目標必要的收入與支出，你的財務計畫特別是現金流量計畫，揭露了你的財務需求。確定你有務實預測自己擴展業務所需的週轉金額。

除了為營運業務所需的固定成本籌措資金，你也必須為重大支出預籌資金，例如製作樣衣的成本以及生產成本。當你剛起步時，製作樣衣的成本依照比例來說是一項極高的成本，足以抵銷掉銷售營收。當業務開始成長時，為越來越大的生產量及新到任的人員預先融資，難度也會跟著提高。我們觀察許多時尚產業的新創公司，得出的結論是，你需要準備至少十季的預算，才能把你的品牌或商標建立起來。融資的需求往往在五或六季之後達到最高點，這也是許多品牌半途而廢、退出市場的一個重要原因。當你知道品牌的成長需要多少資金時，建議你尋求一個良好的融資組合以資助你的各種作業。

整體而言，創業家往往利用自己或是「信眾」的財務工具去創辦他們的公司；在這裡，信眾又被稱為是「朋友、傻瓜及家人」。當公司開始成長時，你會需要更多的財務工具，銀行可能會是合適的財務合作夥伴。在這個階段，你必須建立起一個良好的信用紀錄，或許能提供銀行所要求的擔保。對於採取企業對企業運作方式的時尚品牌來說，開始要為作品的生產預先融資時，也就是對現金的需求達到最關鍵的時刻。這些確認的訂單可以作為擔保，讓你順利取得銀行的貸款。

當你需要更多實質的財務工具，又或者銀行認為你的業務風險太高時，你可能會想要尋求私人投資者的協助。傳統投資人為的是回收可觀的投資報酬率，但這並不適合發展獨立時尚品牌所需的時間密集及資金密集過程；在時尚產業中，一個好的投資人必須對發展創意事業抱持著比投資報酬率更大的興趣，並且樂於成為其網絡的一部分，而非僅關注在能否於短期內賺取大量的金錢。

設計師往往會作出從投資人角度來看不合理或不理性的決策，但是這類

的決策卻能使創意事業獲致成功。因此，正確的投資人應該對有時頗難以掌握的創意過程保持開放的心態；另一方面，設計師也應該尊重投資人為公司帶來的專業知識及豐富經驗。

雙方皆抱持著開放的心態並分享共同的願景與策略，對於成功的合作關係來說至關重要。別被一項大型潛在的前期投資所誘惑了，在做任何決定之前，都該先把所有的事項溝通清楚。

比利時時尚產業不但國際知名，更因致力於保持獨立、不為奢侈集團併購而備受讚賞。這樣的做法雖使投資報酬率受限、企業的風險變高，但從創意的角度來看，也使得投資這個產業變得更為有趣。時尚在比利時不是一種文化活動，但在某些歐洲國家是。根據你的地點以及你公司所在的位置，你會找到不同型態的政府支援。近幾年來，創意產業在歐洲所受到的支持備受關注，對這個領域產生相當正面的影響。

舉例來說，比利時的法蘭德斯及聯邦政府並不提供補助金給時尚設計師，而是實施某些措施來幫助這些創業者，特別是創意企業家，讓他們更容易獲得融資。除了若干支持新創公司及創業者初期營運或拓展國際業務的一般措施之外，創意產業的一項重要倡議就是「法蘭德斯文化投資基金」的成立[2]。如前面所說的融資組合，亦即運用上述不同措施的結合，是一項可取的做法。初期就計算出全面而周延的預算是極為必要的（參考第六堂：對的財務決策，決定品牌生死），而且你必須在公司成長的健康階段去尋找財務合作夥伴，否則，很難說服潛在合作夥伴投資於一間財務困窘的公司。

8. 多方授權 —— 利用聯名方式加強品牌延伸

授權協議授予第三方使用你的智慧權之權利，而你會收到權利金或使用費作為交換。時尚企業以各種方式運用授權，關鍵動機在於藉此平衡現金流量的高低起伏，同時可以分散或降低風險。在時尚產業中，授權協議被運用來擴展企業產品的多樣性或者征服新市場。

奢侈品集團特別樂於運用授權，與化妝品、香水、眼鏡廠商的合作，使它們能夠仰賴其他企業的專長，避免在生產優質產品上的研究投資。這些額外的產品往往是奢侈品牌收入的重要來源，因為它們多為較廣泛的

---

[2] 創意產業中一項為了創業者而設置的投資基金。法蘭德斯文化投資基金是 PMV 公司的一部分，藉由次順位貸款以及資本參股（participations in the capital）投資創意企業。http://www.pmv.eu/en/services/cultuurinvest.

受眾可負擔得起的產品，為消費者創造出他們亦屬於奢侈品世界一部分的想法。

獨立時尚品牌也運用授權協議作為品牌的延伸擴展，但授權產品往往以協同合作的方式交流，因此會由合作各方共同聯名（co-branded）。比利時企業熱衷於這些類型的合作，實例包括了薇洛妮克・布蘭奎諾（Veronique Branquinho）為 Van de Velde 設計的限量版女性內衣，拉夫・西蒙斯（Raf Simons）為 Eastpak 創作的系列，還有提姆・范・史坦柏根（Tim van Steenbergen）為 Ambiorix 及 Deltalight 進行的設計。這是一個賺取額外營收的聰明方式，還可以在另一塊市場打出品牌知名度，同時對媒體來說，往往是很好的故事題材。

設計師可能也會與服裝製造商簽署授權協議，在這種情況下，設計師負責繪製好作品，而製造商就從那裡開始接手。之後，設計師會根據銷售量而獲取佣金。由於這類的合作代表著一種極為緊密的夥伴關係，我們再次強調雙方保持開放態度、分享共同願景與策略的重要性，這才是發展成功企業的基石。

授權也被運用在征服新的市場。設計師會授權銷售代理商或經銷商使用其智慧財產權去銷售作品，以換取佣金的回報。這些「中間人」主要會被引進某些由於文化差異及語言問題而難以進入的市場中運作。

特許經營合約（franchising contract）也是授權的一例，主要是大型企業用在新市場中以擴展它們的自營店網絡。

9. 法律保護──保障設計師的權益

智慧財產權是創意事業的一項價值與金錢主要的創造者。設計師藉由設計作品、使其能在市面上眾多產品中脫穎而出，進而建立起公司內部價值創造的基礎。設計師或公司可以授權某人使用這項智慧財產，以換取一筆費用或是佣金。

雖然智慧財產的保護及經營時尚公司的其他法律問題前面已詳細討論過（參考第五堂：時尚產業相關法律），我們還是要在這裡強調，為了賺取應該賺取的錢、防止侵權行為並對其做出反應，保護這項財產相當重要。

影響時尚產業的力量

到目前為止，我們已經探討了如何以各種方式，利用上百位設計師現今所採用的技巧，以及從發明成衣以來所沿襲的模式，來開創你自己的時尚品牌。你應該意識到這項「產業智慧」並加以反思，了解你的市場定位，以具備創意及創新的方式經營你的業務，將有助你將某些威脅轉變成商機。只要看看 iTunes 如何改變音樂產業，再看看部落客們如何找出引領潮流之道，你就該鼓起勇氣去嘗試新的事物。

在接下來的內容，我們將針對影響時尚產業的重大轉變進行扼要的討論。

網際網路開啟了無限的可能性，大型時尚品牌可投資於各種創新做法，像是開發應用程式，運用新的視覺效果在網上銷售服裝、把實體商店的現實情境延伸至網路商店等。然而在保護智慧財產權方面，品牌也面臨了越來越多的挑戰。作為一個小型時尚品牌，你可以享受其中的各種好處，包括你的市場可以全球為範圍不斷擴大、從事電子商務的機會、利用免費的方式進行宣傳，並建立起參與度極高的社群。雖然網際網路可能造成了全球性的競爭，但也讓你得以觸及世界另一端的小眾市場。

對小型品牌來說，產業的步調是一項真正的挑戰。尤其自從 Zara 進入市場後，產業步調急遽加快，不但徹底改變了整個產業的主導邏輯，促進時尚業的民主化，與我們社會對產品多樣化的漸增需求不謀而合，也使商業性品牌及奢侈品牌，開始在傳統的秋冬與春夏兩季之間推出新作。一年推出兩次以上的作品是一項很有用的工具，前提是你擁有相當的產能及組織體系能夠充分利用它。這對於在企業對消費者的商業環境下運作的公司來說，再真切不過了，因為這種作法可以讓你對消費者想要的產品及購買的產品做出快速反應；而由於一整年都有營收，而且生產計畫的安排也以全年為範圍，現金流量的出入不會顯得過於兩極化、帶來的衝擊也不至於過度嚴峻。

一般而言，專門的獨立品牌集合精品店，會比百貨公司更積極投資於年輕的設計師。百貨公司設下更嚴格的條件，大多投資久享盛譽的時尚及

奢侈品牌，這些品牌能生產並交付大型訂單及大批商品。遺憾的是，經濟停滯使得這些獨立精品店（特別在西方國家中）的營運壓力日增，同時，最終消費者不但有許多替代品，眾多的時尚零售商提供他們各式商品。這些威脅使顧客選擇風險較低的購買行為，並使得這些獨立品牌集合精品店，也較不熱衷於投資在剛起步的設計師品牌上。

從這個角度來說，高端時尚品牌所面對的另一個難題是，對於一件用料實在的優質服裝成本，消費者的感受與認知。時尚產業是一個極端勞力密集（labour-intensive）的產業，企業專注於高度創意、少量製造的優質產品，意味著生產價格以及隨後的零售價格都會因而提升。記住一小時的勞動力成本是多少，你才能夠充分理解一件服裝真正的製造成本應該是多少。

商業大街時尚連鎖店所提供的、令人難以置信的低價物件，與設計師品牌的高單價形成了強烈對比。這些無限制供應的低價物件，讓人們忘了它們可能來自生產於低工資國家、大規模銷售的標準化產品，由控制了價值鏈中很大一部分的企業所提供。

這裡要提到的最後一項重要趨勢，就是這個領域的功能及角色正在轉變，而且其間的界線漸趨模糊。我們觀察到時尚界記者離開媒體這一行，把他們的經驗運用在時尚零售業上；部落客與（主要是商業大街的）時尚品牌合作，設計膠囊系列的作品。時裝秀已經從產業專有的盛會，演變成部落客可以受邀參加的活動，消費者也可以經由直播串流（live streaming）在同一時間觀看時裝秀的演出。

時尚的民主化趨勢改變了時裝秀的重要性，也使其與最終消費者的直接溝通越發困難，因為時裝秀的作品只能在六個月之後，才能上市銷售。然而在那之前，時尚連鎖零售店早已篩選挑揀最新潮流，設計、生產並交付出以高端時尚品牌的創作為基礎而發想的作品。

上述提及的影響力量只是少數的幾件事，讓人納悶現行利用國際時尚週銷售成衣系列的方式，是否還可以持之以恆下去。

對於起步階段的品牌來說，優勢在於它們不再有必要參與國際時尚週，參與國際時尚周需要大筆的預算。網際網路、新興科技、以及廉價旅行

的機會帶來了與顧客及消費者產生互動的新方式。從這個角度來看，帶有個人化做法的小型倡議行動似乎正方興未艾。

底線在於，做生意的方式必須推陳出新，藉由運用其他規則、利用不同的商業模式、或是改變你人際網絡內的關係等方式來達成這個目標。對不斷變化的環境做出反應，並對趨勢及各種可能性保持密切關注。身為小型的新創公司，最大的好處之一是可以靈活地實驗溝通、銷售、並與受眾互動。雖然激烈的競爭可能會使你在市場上爭取一席之地更為困難，但是也會刺激創意產生的機會。

時尚觀點總結：獨立品牌創業成功的必讀法則

1. 與一位擁有互補技巧及興趣的合作夥伴共同開創時尚公司，會大幅提升成功的機會。確定你們對於公司的使命、願景及策略有著共同的目標及想法。

2. 不要急於追趕過程，給自己適當的準備時間，穩定成長。建立一個獨立時尚品牌需要時間及金錢。

3. 在創業之前，先寫下或是紀錄這門生意的所有相關事項（財務、後勤、組織等），可作為良好的實際檢驗，知道要推出你的品牌、維持業務的營運需要完成什麼事項。

4. 成功的企業始於願景與策略、連貫一致的識別、以及合理公道的價格。你的價格應在生產成本、想達到的品質、以及市場消費者願意付出的價格之間，取得一個平衡點。確保這一點與你傳達給媒體的故事一致。

5. 清楚了解你將營運的市場區隔狀況，多閱讀這個產業的相關資料，隨時對影響產業的變化保持關注。

6. 沒有人會等待一個新的時尚品牌到來，所以要主動積極地去接觸你的市場。在這個產業中，光是做一個好的設計師尚不足以成就一切，在業務的營運上加入創意及創新的方式，會大幅提升你成功的機會。

7. 別承擔任何不必要的成本，像是在還沒銷售出任何東西之前就先堆積庫存、還沒賺到任何錢之前先聘雇員工、還沒有可銷售的作品之前先找好公關公司，或是在時尚週展示作品卻沒有先通知或邀請媒體及買主。

8. 在這個產業，每個人時間都不夠用，你也不例外。然而，你還是得走出去接受來自其他產業的啟發，見見有趣的人，與合作夥伴建立聯繫的網絡與長期關係。

9. 在開始與財務夥伴合作時，或是在嘗試新的創意或商業合作、與被授權者合作、打造品牌的副牌時，都要忠於自己以及你想達成的目標。

10. 時尚媒體可能會營造一種氛圍，時尚就是跟閃閃發光的華麗裝扮有關。但在現實生活中，它其實只跟勤奮工作與堅持不懈有關。如果你真正熱愛時尚，謹記你的初心，按照你的計畫持續往前邁進。

case #7　Jean-Paul Knott
尚保羅・諾特

"你得找出自己的生存之道。"

跨國時尚品牌的指定設計師──尚保羅・諾特

尚保羅・諾特的時尚資歷相當驚人。他出生在比利時，卻在「任何除了比利時之外的地方」成長；他在紐約唸書，職業生涯中卻有很長一段時間在巴黎工作。剛從學校畢業時，他就開始在 Yves Saint Laurent 擔任助理，並在這間深具代表性的時尚公司待了超過 10 年的時間。1996 年，他成為 Yves Saint Laurent Rive Gauche 左岸系列的作品設計師，並協助伊夫・聖羅蘭高級女裝系列的設計與製作。2000 年，他開創了自己的公司，描述自己的作品是「時髦雅致的基本款，有著輕盈的外型與精準的體積」。

除了自己的作品之外，諾特還不間斷地擔負了多種極富盛譽的時尚工作──先為 Krizia、以及後來的 Louis Feraud 和 Cerruti 擔任創意總監；他也為 Swiss Bejart Ballet 擔任設計工作，與 DIM、3 Suisses 及 La Redoute 合作。2005 年，在他為布魯塞爾的一間飯店擔任室內設計師之後，他著手準備第一個概念藝術畫廊。自 2006 年以來，諾特一直與日本的時裝公司 Tomorrowland 合作，而在此之際，他的 Jean-Paul Knott 比利時製造系列，是由 Gysemans 時裝集團（Gysemans Clothing Group, GCP）管理它的製造、經銷及國際銷售業務。2001 年 3 月 20 日，備受尊崇的時尚評論家──蘇西・門克斯（Suzy Menkes）針對他的作品發表一篇很棒的評論：「尚保羅・諾特讓我們看到，除了在連衣裙上點綴玫瑰外，還有更多方式可以表現女人味。諾特就像一把裁縫刀，但是是一把裁切柔軟布料的裁縫刀，創造出包覆身體的皺褶與形狀。在垂褶服裝蔚為風潮之際，他的作品深具時尚感，也是本季我們在四個時尚首都中見過的若干佳作之一。」

採訪／楚依・莫爾克

"我不想把自己侷限在時尚設計的概念中。"

你的時尚生涯兼容並蓄，你喜歡與藝術家合作，並且在布魯塞爾經營一間藝廊。你把自己視為時尚設計師還是設計師兼藝術家？

很難回答的問題。我想，我認為自己是設計師，因為我不想把自己侷限在時尚設計的概念中。我對於自己創造時裝與時尚的願景很清楚。我深信創造時裝的價值，這也是我的工作，但這只是一個起點，更重要的是，我深信自己可以把作品帶進「一種時尚」之中；法語的表達方式是「時尚的風格」（à la mode），精準地抓住了它的精髓，意指一群人在某個確切的時間點及地點，產生相同的鑑賞力與情感。而一切全源起於此。我藉著與創造美學情境的人們合作，把我的時裝帶進當代時尚之中。

你的願景似乎與快速的時尚週期及全球的電子商務趨勢大相逕庭，你如何看待時尚界近年來的變化？

我對這些變化沒有意見，我覺得它們蠻酷的，促使人們以其他的方式來思考。我為 La Redoute 及 3 Suisses 擔任設計工作，它們都是在快速時尚週期下運作的大型經銷商；至於我在日本的女裝作品，上市的頻率是一個月一次。但是，這些方式仍不悖離我的時裝製作概念；我致力於設計與概念，然後再把它們放進時尚週期中。我的 Jean-Paul Knott 比利時製造系列，一年會推出四次新作（秀前系列與主系列），還有一條男裝系列的產品線。我一直以這樣的方式在工作，即便是 20 年前當我還在 Yves Saint Laurent 時，手邊隨時都有尚待完成的服裝系列。在某種程度上來說，這反而讓事情更簡單；當你進行規模較小的系列時，工作量是比較均衡的，只要能找出自己的生存之道，這並沒有最終的答案。時裝秀好或不好？廣告好或不好？一切都是你的選擇，不論選擇是做或不做，都應取決於這件事與你的產品及形象的關聯性有多強。

你喜歡工作中管理的部分嗎？

我不用做太多的管理工作，因為我總是跟可以負責財務方面的人一起合作，這點真的很幸運。這是一個選擇。我不希望我的公司成長得太大，因為我深知大公司裡的運作是怎麼一回事；我曾經為 Yves Saint Laurent 的投資集團工作，我知道這意味著什麼，現實面就是它的壓力。

我喜歡做不同的專案。我與 Tomorrowland 的合作成果驚人，在比利時的時候，我也幫 Marc Gysemans（GCG）做了 15 年之久，先是幫 Feraud 和 Cerruti 這兩個品牌，現在是為我自己的品牌做設計。Marc Gysemans 位於羅策拉爾（Rotselaar），去那裡不論開會或試衣都非常方便。

你在紐約的流行設計學院（Fashion Institute of Technology，FIT）完成學業，那裡的方式與比利時時尚學校的方式有何不同？

我不知道。紐約的那間學校是我當時所能負擔得起的學校，當年，那裡布魯塞爾坎布雷國立高等藝術學院的時裝學校（La Cambre fashion school）尚未成立，只有以荷蘭文教學的安特衛普皇家藝術學院時尚學系（Antwerp fashion school），但我沒辦法去上，因為我成長於「除了比利時之外的任何地方」。

但我不認為在哪裡唸書很重要。當你從藝術學校畢業時，能帶走的東西取決於你是誰以及你的感受，你必須盡你所能去汲取、吸收。不知為何，我很幸運能在 80 年代中期的紐約唸書，那是個神奇的年代，而且我的老師們都很棒。

現在回頭看自己的職業生涯，是否滿意它一路以來的演變與發展？

我應該很滿意、很快樂，但是，這也取決於你如何詮釋這個問題。在個人層面上來說，我比 20 年前要快樂許多。我是否滿意於時尚演變發展的方式？不，整體來說並不滿意，或許我在這個產業已經待得太久。對於時尚的興奮感維持一陣子之後，接下來，你會進到其他的圈子、遇見其他人，你會為了其他原因去做這件事。若我必須給年輕的時尚設計師一個忠告，或許我會奉勸他們：「想都別想從事這一行。」但我了解時尚界的工作有著莫大的吸引力，也是最神奇的工作之一，因為它跟情感密切相關，這也是為什麼它會如此令人無法自拔。

case #7　Jean-Paul Knott

THE INDEPENDENT STATE OF BELGIAN FASHION : DAVID VERSUS GOLIATH

第八堂
比利時時尚獨立國：以小搏大

薇兒・溫德斯
Veerle Windels

比利時如何奠定時尚舞台的地位

過去這 20 年以來,比利時時尚設計師成了國際時尚舞台的主力。來自一個幾乎無法聲稱擁有時尚傳統的國家,大部分的比利時設計師都冒險進軍巴黎,只為了追求認可與掌聲。但是,並非每一位設計師都能將最初的成功轉變為貨真價實的成熟時尚品牌。更重要的是,他們之中的絕大多數,甚至對此完全不感興趣。

皆從「安特衛普六君子」發跡開始

一切皆始於 80 年代初期,當時一群學生剛從安特衛普皇家藝術學院時尚學系畢業。他們並未馬上大膽進軍巴黎——一個時尚在此已蓬勃發展了數十年之久的城市,而是選擇待在比利時的時尚公司學習這一行的專業知識,設計像是 Scapa、Olivier Strelli、Bartsons 等商業品牌。到了 80 年代末期,他們一起租了一輛小貨車,設法來到英吉利海峽的另一端參加倫敦時尚週(London Fashion Week),他們在那裡首次展示了自己的作品。隔天,他們充滿開創性的設計佔據各大報紙版面,但這些報導並未逐一提及所有人的名字,而新創了一個「安特衛普六君子」的詞來稱呼他們。下一季,這 6 人動身進軍巴黎時尚週(Paris Fashion Week),在聖詹姆斯和奧爾巴尼飯店(Saint James and Albany hotel)共用一間「沙龍」,再度一炮打響了「安特衛普六君子」(les Six d'Anvers)的名聲。

外國人花了好些時間才正確唸出他們的名字:德賴斯・范・諾頓(Dries Van Noten)、華特・范・貝倫東克(Walter Van Beirendonck)、德克・范・瑟恩(Dirk Van Saene)、德克・比肯伯格(Dirk Bikkembergs)、瑪麗娜・易(Marina Yee)、以及安・得穆魯梅斯特(Ann Demeulemeester)。故事中還有第七位設計師——馬丁・馬吉拉(Martin Margiela),畢業之後他決定不待在比利時,反而立刻搭上開往巴黎的火車,成為尚保羅・高堤耶(Jean Paul Gaultier)——當時巴黎時尚圈最前衛的設計師的第一助手。我們可以說,真正的冒險就從他開始,接著其他人再加入這場冒險,但是並沒有計畫這回事,更別提商業策略了。

然而，當時比利時經濟事務部的左翼部長維利‧克拉斯（Willy Clae）曾經有一項計畫，也維持了一段時間。他所謂的「紡織業計畫」於1981年1月1日啟動，當安特衛普六君子在倫敦及巴黎初試啼聲時，這項計畫也正進行得如火如荼。該項計畫旨在為比利時的紡織企業提供財務及經濟的激勵，當時這些企業不但漸失影響力，甚至虧損嚴重。這項計畫也包括一項以「時尚，這就是比利時」（Mode. Dit is Belgisch）為口號的傳播策略。這些宣傳標語被貼在所有比利時製造的時尚設計品上，藉以加強人們對於這個事實的認知，你穿的褲子、洋裝、甚至內衣，不一定非得來自義大利或法國（長久以來被視為世界上唯二的時尚發源地）。紡織業計畫是設立或創辦比利時紡織品及成衣學會（Institute of Textile and Confection in Belgium, ITCB）、新的時尚雜誌《時尚，這就是比利時》[1]、以及時尚大賽金紡錘大獎的關鍵原因。儘管該機構充斥著對時尚幾乎一無所知的政治巨頭。

年輕設計師們的重大轉捩點

有位叫海倫娜‧拉費傑斯特（Helena Ravijst）的女性卻改變了一切，成為那個時代許多年輕設計師的守護天使。此外，她很早就意識到，比利時時尚應將眼光放在超越比利時邊界以外更遠的地方，所以她把設計師帶到國外，甚至遠到日本；同時，她還為金紡錘大獎的時尚競賽選擇了一個國際評審團，把尚保羅‧高堤耶及羅密歐‧吉利（Romeo Gigli）等人都請來布魯塞爾。

這場競賽的優勝者是誰？1982年由安‧得穆魯梅斯特勝出，1983年是德克‧范‧瑟恩，1985年是德克‧比肯伯格，1987年是彼得‧克納（Pieter Coene），1989年是薇洛妮克‧勒羅伊（Veronique Leroy）。隨著從巴黎貝賀梭工作室服裝設計學院（Studio Berçot）畢業的勒羅伊獲勝，這項競賽也永遠落幕了。因為此時比利時變成了一個聯邦政府（自從1993年的聖米歇爾協議 St. Michael agreements 開始實行後），比利時紡織業及成衣學會再無經費可以運作下去，令人扼腕的是，紡織業計畫也只得悄悄地畫下句點。雖然大部分的設計師始終宣稱他們沒拿過政府任何實質的補助經費，這項計畫還是有它的作用在，特別是對整個產業界來說。同時，它也讓街上的人們意識到比利時時尚的存在。

---

[1] 《時尚，這就是比利時》其後賣給了 Roularta 媒體集團的《週末妙方》（Weekend Knack）。

比利時時尚的巨大浪潮

是什麼原因使這些比利時設計師這麼有趣？又是哪一點激發了國際買主及時尚媒體對他們產生興趣？是他們對於時尚的概念性願景、定義魅力的新方式，還是他們對於時尚工作堅持不懈的藝術風格與熱情？亦或是他們所帶來的新意？當然，新意這個因素絕對是一項加分。當時，比利時設計師常常被拿來跟日本設計師比較，後者剛好在他們之前來到巴黎，而川久保玲（Rei Kawakubo）和山本耀司（Yohji Yamamoto）更以他們對魅力截然不同的看法震驚了時尚群眾。川久保玲的開洞毛衣被視為極不體面的設計，但是圈內人卻被這種看待服裝的摩登觀點給迷住了。別忘了，當時的時尚圈是由克勞德‧蒙坦拿（Claude Montana）與蒂埃里‧穆勒（Thierry Mugler）所主宰，籠罩在細高跟鞋的魅惑之下，以他們壯觀華麗的時裝秀創造風潮，但是你在伸展台上所看到的服飾，不一定會在零售店出現。這跟日本設計師與比利時設計師的做法大相逕庭，他們讓你在伸展台上看到的服飾，你一定能在展售間買到。

第一代比利時設計師成功的原因

但是，第一代比利時時尚設計師成功的原因遠不止於此。他們的時尚願景顯然並不相同，比如說他們不像超現實主義者，也可以說他們不屬於一場相同的運動，但他們都渴望把握住機會，也都有著與眾不同的明確概念。如同哲學家康德（Kant）曾說過：「不具概念的直觀乃是盲目，不具直觀的概念乃是空虛。」他們想傳達的概念已經遠超乎於時裝的表現之外，而以其他形式來呈現。像是他們安排時裝秀、選擇自營店、與外界溝通的方式，甚至他們如何過自己的生活。幾個評論家提到，即使到現在為止，大部分的這些設計仍然在安特衛普過著普通人的生活，仍堅守在他們完成學業的這個城市，遠離巴黎或紐約五光十色的生活。

突破傳統 —— 展示時裝秀的各種創新點子

馬丁‧馬吉拉是個例外，如同前面所提到，他在職業生涯一開始時就離開了比利時、住在巴黎，相較於安特衛普六君子，他是唯一一個透過時裝秀展示作品的人，並因此開啟了比利時浪潮：對於模特兒、舞台表演、接待觀眾、當然還有時尚，抱持著一種截然不同的願景。再加上范‧貝倫東克、得穆魯梅斯特、以及德賴斯‧范‧諾頓，他們徹底改變了時尚體系。由於他們都是外來者，來自一個幾乎沒有時尚傳統的國家，所以

他們所做的一切都是自行其道；沒有大把的鈔票，也租不起五星級飯店的會客廳，當時大部分時裝公司都將時裝秀安排在五星級飯店的會客廳舉行，他們於是以更為有趣的秀展場地取代：被遺忘的地鐵站、廢棄的車庫、已關閉的工廠、露天的食品市集、老舊的超市。

德賴斯‧范‧諾頓特別熱衷於邀請他的觀眾造訪巴黎人跡罕至之地：他邀請媒體及買主前往的場地，都可以立刻將他的作品融入於切題的氛圍之中。比方說，他放光一座泳池的水，然後在池中發表 1996 年夏季女裝系列；在布雷迪拱廊街（Passage Brady），一個印度裔及其他族裔人口集中的社區，發表 1994 年春季男裝系列，由於該系列的靈感來自印度，這樣的秀展場地就是相當棒的選擇，范‧諾頓甚至印製假鈔，讓受邀者可以於當天下午，在布雷迪拱廊街花用。想再聽聽另一個不可思議的時刻嗎？他在羅什舒阿爾大道（Boulevard Rochechouart）另一端的露天市場，發表 1996 年冬季時裝秀，時值寒冷刺骨的一月，在發表會尾聲時甚至開始下雪，所以在進入會場時，賓客們都拿到了暖和的毛毯，並且被帶往他們的座位──所有人都坐在第一排。

時裝秀的重點是時裝不是模特兒
馬吉拉也會挑選不尋常的服裝秀場地，像是一座被遺忘的地鐵站；他也是第一位質疑超級名模概念的設計師。超級名模琳達‧伊凡吉莉絲塔（Linda Evangelista）曾經公然宣稱她不願為少於 25,000 美元的報酬離開她的床去工作，馬吉利就在巴黎街頭進行他的選角活動。時至今日，這類的選角活動已經變得相當普遍，但是在當時，像吉安尼‧凡賽斯（Gianni Versace）這類的設計師，總是為他的某一場時裝秀預訂所有的超級名模，那是一種關於權力與金錢的表現方式，也透露出他是如何看待當時的時尚。但是比利時設計師，當然包括馬吉拉在內，早已開始重新思考模特兒的定位及重要性：馬吉拉甚至在一場時裝秀中蒙住了模特兒的眼睛，范‧貝倫東克則以面具如法炮製。拉夫‧西蒙斯用的是頭盔。他們想傳達的訊息很清楚：模特兒從來就不是重點，請專注在我們的服裝上。

新興設計師們徹底顛覆時尚

這些設計師不在乎階級，尤其是在他們的職業生涯剛展開之際。前排的賓客習慣上都坐在，嗯，就是前排，在德賴斯‧范‧諾頓的時裝秀，座

位就只有一排,而且採取先來者先入座的方式。當然,這些年來他也必須有所改變,但儘管如此,他還是讓每位觀眾都感到自己備受歡迎,不論他們是來自法國的雜誌《她》(Elle),還是當地的報紙《安特衛普公報》(Gazet Van Antwerpen);許多新聞記者都很讚賞他在每個人進場時,以啤酒、薯條、甜點招待他們的方式。他甚至要工作人員送三明治給攝影師們,因為這一群勤奮工作的人總是在招待餐飲時被忽略掉。即使這只是一件小小的軼聞趣事,但是在某種程度上,也充分表現出德賴斯・范・諾頓充滿了人情味。

別出賣你的靈魂,堅持自己的方向

還有一點使得這些比利時設計師與眾不同,就是他們都願意花時間、緩慢地成長。看看范・諾頓、范・貝倫東克、或是得穆魯梅斯特最初幾年的訪談內容,你會發現他們的共識是:別出賣你的靈魂,只要朝你所選擇的方向堅持走下去,儘管這需要時間。如今,大部分的年輕設計師靠自己踏出了第一步,卻很快就被大型集團併購;有時候他們會成為某個大型品牌的創意總監,有時候他們甚至失去了使用自己名字的權利。但安特衛普六君子對此一點也不熱衷,有些人曾經有機會成為巴黎大型時裝公司的創意總監,但他們拒絕了,理由是他們的重心只放在自己的品牌上。馬吉拉曾經加入 Hermès 擔任創意總監,但是他能夠同時讓自己的品牌存活得好好的,所以當他被換掉時,不會對他造成任何傷害。范・貝倫東克加入德國的牛仔褲品牌 Mustang,推出一系列特別的作品,叫做「Wild & Lethal Trash」(W&LT),得以在巴黎舉辦壯觀驚人的時裝秀。但數年之後,當這一系列有一大部分轉由另一個設計團隊設計時,他基於原則辭去了職位。當時,他被要求解雇部分自己的團隊人員,因為他已沒有更多的收入可以按月支付他們薪資了。

全方位的藝術結合,讓創作概念更明確

促成安特衛普六君子的成功與其影響力,另一個可能的原因就是他們的藝術取向。早在藝術與時尚以不計其數的專案方式結合在一起之前,安特衛普的設計師就已經與藝術家、攝影師、平面設計師以及影像藝術家合作,使他們的概念呈現更為明確。坦白說,一位可能才推出 4 個服裝系列的美國年輕時尚設計師,可能會談論擴展精品店、推出配件系列,而他的比利時同行,談論的卻是另一個小型成衣系列背後的創意發想過

程。華特・范・貝倫東克與視覺藝術家歐蘭（Orlan）及歐文・沃姆（Erwin Wurm）合作，並為音樂團體 U2 及巴黎歌劇院（Paris Opera）芭蕾舞團製造舞台服裝；他的第一場發表會是在鹿特丹的博伊曼斯・范博寧恩美術館（Boijmans Van Beuningen Museum）舉行；2012 年，華特的作品以及他想創造的世界，在達拉斯和墨爾本的博物館展出。早在時尚界涉足時尚電影（fashion cinema）之前，馬吉拉已經運用影像來呈現作品了，他在鹿特丹博伊曼斯・范博寧恩美術館的首場展覽，主題全是有關把細菌注入衣服中，使衣服受到汙染的作品；這當然是一個對於時尚本質強烈而扣人心弦的比喻──時尚隨時會過時。他想展示時尚的本質是，一季之後它就被淘汰了，而時尚圈永遠渴望新事物的出現。

等你準備好了，再創業！

回顧過去我們可能會說，這些過程一定已經在某處被某位策略大師寫下來了，但這不是他們運作的方式。既然如此，誰該做決策？首席執行長？行銷總監？非也。他們最主要的共同點是，每位設計師都保持著對於設計、行銷、銷售、傳播的概觀，一開始時，也沒有那麼多人為他們工作。

德賴斯・范・諾頓開創他的公司，並與已故的克莉絲汀・馬泰斯（Christine Matthys）及當時時尚學系的系主任琳達・洛帕（Linda Loppa）攜手合作；馬吉拉與珍妮・邁爾斯（Jenny Meirens）組成團隊開創他的公司，珍妮原本在布魯塞爾有一間精品店，與馬吉拉合作之後，成為他的靈魂夥伴以及他與外界聯繫的橋梁。這些設計師意圖緩慢而穩定地拓展業務，並保有他們的獨立性。快速展店？算了吧！連最成功的范・諾頓也只在找到對的地點時才會開設門市，他得去「感受」那個區域、那個地方本身的感覺，而且店內的設計必須與這間店所座落的整棟建築、整個城市或整個地區同一調性。

范・諾頓在安特衛普開設他的第一間店「Het Modepaleis」，位於聖安德里斯區（Sint-Andries Quarter）一棟古老的建築瑰寶中，距安特衛普主要購物街道梅爾街（Meir）僅數分鐘之遙，大部分的連鎖商店都坐落在那裡。得穆魯梅斯特、范・瑟恩以及范・貝倫東克皆仿效其做法，選擇足以強調個人時尚願景的商店空間。得穆魯梅斯特的店就開在比利時皇家美術

館（Royal Museum of Fine Arts）與法蘭德斯當代藝術館（Flemish Museum of Contemporary Arts, MuHKA）之間；范・瑟恩及范・貝倫東克的店「Walter」則開在一處人跡罕至之地的一座廢棄車庫中。

他們都只在自己準備好、找到對的合作夥伴時才開店，當然他們之中有些人的確找到了他們的皮埃爾・貝爾傑（Pierre Bergé）[2]。得穆魯梅斯特遇到安妮・夏佩爾——她是那個位置最正確的人選，扮演的角色不止是投資者，也是策略發想者；比肯伯格把賽爾吉・德維爾德（Serge Dewilde）帶進公司擔任首席執行長，才能夠把自己的品牌規模擴大，不過是在比較後期他在時尚圈外亦已聲名鵲起之時。

安特衛普六君子現況

安特衛普六君子展出第一季的作品以來即飽受國際買主青睞，沒過多久，在紐約、倫敦、雪梨、米蘭、洛杉磯以及東京的客戶，皆指名要他們的作品。他們在時尚週時對買主及媒體所傳達的訊息十分明確：時裝秀是他們唯一的行銷工具。除了比肯伯格之外，沒有一位設計師在時尚雜誌上作過宣傳廣告，他們聲稱自己沒有這樣的經費，即便到了現在亦是如此，但事實是，他們也有能力去打破這項業界的潛規則。時尚雜誌談論到比利時設計師，不是因為他們有著大筆的公關宣傳預算，而是因為它們熱愛他們的作品。事實是，美國版《時尚》（Vogue）雜誌總編輯安娜・溫特（Anna Wintour）直到德賴斯・范・諾頓的第 5 場時裝秀（在 2004 年舉辦，這場秀的伸展台是一張很長的餐桌）之前，從來沒看過他的一場時裝發表會；但是自從那次之後，她就成了范・諾頓時裝秀的常客，常常在雜誌中提到他以及他的作品。范・諾頓的公司「NV Andries Van Noten」至今仍然百分之百獨立經營，而且聲名卓絕。

至於安・得穆魯梅斯特，她的事業起起伏伏。她很幸運能在 90 年代中期遇到安妮・夏佩爾。某次在她們的小孩校門偶遇之後，得穆魯梅斯特邀請夏佩爾去她的公司，看看公司的營運數字；從此，夏佩爾就沒再離開，她投資了得穆魯梅斯特的事業，讓公司能夠緩慢地成長，只在對的時間開店，而且只跟對的人合作。最近，安・得穆魯梅斯特宣布她要從她的公司以及時尚圈退隱了，因為她認為，她的品牌已經交付給對的人管理，這個團隊能夠堅守她多年來建立的願景。直至 2000 年，德克・

[2] 貝爾傑就是那個讓伊夫・聖羅蘭得以專心創作、並確保帳單都有付清的人。

「《時尚,這就是比利時》發行 20 年的雜誌封面。這張代表性的影像上有著所有當時最重要的比利時設計師,包括安特衛普六君子。」(《周末妙方》週刊,2003 年 9 月 10 日)

上排由左至右:華特‧范‧貝倫東克、瑪麗娜‧易、埃里克‧韋東克(Erik Verdonck)、德克‧比肯伯格、德賴斯‧范‧諾頓、海德爾‧阿克曼、薇洛妮克‧布蘭奎諾、澤維爾‧戴米格(Xavier Delcour)。

中排:德克‧范‧瑟恩、提姆‧范‧史坦柏根、安‧凡德沃斯特(An Vandevorst)、費利浦‧阿瑞克斯(Filip Arickx)、安‧得穆魯梅斯特、薩米‧提歐許(Sami Tillouche)、薇洛妮克‧勒羅伊。

下排:伯恩哈德‧威荷姆(Bernhard Willhelm)、尚保羅‧諾特、何塞‧恩里克‧奧尼亞塞爾法(José Enrique Oña Selfa)、布魯諾‧皮特斯。

比肯伯格在運動服裝界已成為家喻戶曉的名字，他一度成為義大利福松布羅內（Fossombrone）足球隊的老闆；2011 年，他把公司賣給 Zeis Excelsa 集團，繼續擔任創意顧問的工作。而華特·范·貝倫東克在經歷牛仔褲品牌 Mustang 的慘敗之後，繼續推出他的男裝作品，同時仍為某些商業產品線做設計，像是他為比利時商業連鎖店 JBC 所設計的 ZuluPapuwa 童裝系列、為比利時商業品牌 Scapa Sports 擔任藝術總監，也在安特衛普皇家藝術學院時尚學系擔任教職。

德克·范·瑟恩選擇比較低調的做法，高興的時候才推出一系列的小型作品；他也在安特衛普皇家藝術學院授課，對於陶藝頗有天賦也曾舉辦過陶藝展，同時經營位於安特衛普的 DVS 品牌集合店，其中，范·貝倫東克以及范·瑟恩的服裝系列也在這裡販售。瑪麗娜·易在根特學院（Ghent academy）的時尚學系授課，但也經常為歌劇、戲劇或其他藝術專案設計戲服。而在第一代比利時設計師中或可說是能見度最高的設計師——馬丁·馬吉拉，現在卻銷聲匿跡；2002 年時，他把公司賣給了 Renzo Rosso 集團（旗下品牌包括 Diesel）的控股公司 Only The Brave，徹底退出時尚圈，據說現在在巴黎及托斯卡尼之間的某個地方畫畫呢！

安特衛普六君子之後的年輕設計師

我們也不該忽略在安特衛普六君子之後出現的設計師。好幾個世代的設計師都在安特衛普修讀時尚課程，並且在巴黎闖出了名號；他們往往被稱之為「比利時時尚設計師」，但是在許多情況下，他們的護照所顯示的卻不是這麼一回事。舉例來說，史蒂芬·施耐德（Stephan Schneider）及伯恩哈德·威荷姆是德國人，而伊澄本鄉（Izumi Van Hongo）是日本人。所謂「比利時」，只是指他們畢業於比利時的時尚學校，或是「屬於比利時時尚浪潮的一部分」。

安特衛普六君子之後，大部分的畢業生都馬上前往巴黎碰運氣，幾乎不曾停下腳步去設計其他的商業產品線，因為他們看到前人已經把這條道路鋪好了，比利時時尚現在已備受推崇，所以他們就直接搭上前往巴黎的火車去碰碰運氣。當然，媒體及買主都會把他們拿來跟安特衛普六君子比較一番，衡量他們的時尚願景以及成功的機會。但是，就如同第一批的比利時設計師所想，成功是相對的而非絕對的。在巴黎舉辦一場時

裝秀，並不意味著坐在前排的就是最好的買主或新聞記者，這從來就不是一道精準的數學算式；你需要獨家的人際網絡，還要在秀展的時間表上卡進一個好日期。此外，舉辦時裝秀所需費用十分高昂，所以許多設計師對其敬而遠之，至少是在一開始的時候。

薇洛妮克·布蘭奎諾雇用了一些模特兒，在一間巴黎的畫廊中展示她的初次新作，隨即就有重要的買主下單購買；尤爾吉·柏森斯（Jurgi Persoons）也是如此，他安排在晚間舉辦時尚活動，地點在巴黎碼頭（Quai de Paris）；史蒂芬·施耐德則在展售間作發表。安·凡德沃斯特以及威荷姆不採取在畫廊發表的方式，而是馬上舉辦了時裝秀，從一開始就廣受國際矚目。很快地，就有 10 到 15 位比利時時尚設計師，在巴黎時尚週按時間表或是在表訂以外的時間展出他們的作品，但有些人不得不放棄，因為時尚是一項昂貴的事業，光有才華並不足以讓你成功。兩三年之後，尤爾吉·柏森斯關閉了他的公司，布蘭奎諾也是；幸運的是，後來她與 Gibo（知名的義大利製造商）達成協議，讓她能夠只需專注於設計工作，才得以重新推出她的品牌。安娜·海倫（Anna Heylen）在職業生涯剛開始之時曾舉辦過一些時裝秀，但後來決定把她的業務限縮於比利時；她在安特衛普開了一間店叫「Maison」，把她的服裝系列提升為成衣的奢侈版等級。提姆·范·史坦柏根用他自己的方式征服了巴黎：先舉辦時裝秀吸引買主，之後就直接邀請買主到他在巴黎的展售間；削減掉時裝秀的開銷之後，他有更多的經費可以用在別處。這個做法果然行得通！

培育比利時時尚人才

這些年來，越來越多人把安特衛普的皇家藝術學院時尚學系當成是一個孕育卓越時尚人才的搖籃。這個學系在 1963 年由瑪麗·普里約特（Mary Prijot）所成立，始終屬於皇家藝術學院的一部份，該學院由大衛·特尼爾斯二世（David Teniers the Younger）成立於 1663 年，他是《利奧波德大公》（Archduke Leopold）及《奧地利唐璜》（Don Juan of Austria）等畫作的畫家，並舉羅馬及巴黎的知名學校為例，希望藉著學院的成立「鼓勵藝術創作，並提升其評價」。安特衛普六君子於 1980 年及 1981 年從這裡畢業，從那時候開始，時尚學系的光環暴漲，吸引越來越多的學生從國外前來取經；每年都有超過 200 名申請者來此參加入學考試，但只有大約 30

位幸運兒能被錄取。而且，有一件在其他時尚學校幾乎不可能發生的事情，在安特衛普這裡卻是再平常不過了：因為門檻如此之高，每年都會有些學生不及格，甚至唸到最後一年也可能畢不了業。年度的亮點是在六月，會有超過 6,000 人前來，觀賞時尚學系的時裝秀；而這場時裝秀難能可貴之處在於，即便是大一的學生，都可以在這場表演中展示他們的作品，使得這場秀變得很冗長。

但是，對大部分的觀眾來說，這不只是一場時裝秀，而是一項別出心裁的活動，把他們帶進一個截然不同的世界，充滿著創意、才華以及勇於冒險的氣魄。這場時裝秀還有幾個獎項讓參與者爭取，由位於安特衛普或布魯塞爾與時尚相關的商店、雜誌或是企業所提供；這些獎項有時會是獎金、有時會是一趟前往紐約的旅程、有時會是一份工作等，讓學生可以用這種特別的方式接觸真實的時尚世界，因為直到現在為止，安特衛普的皇家藝術學院時尚學系，仍然堅持採用讓學生完全沉浸於自身創意世界的學習方式，傳達完全藝術取向的時尚課程。雖然這種方式有助於系所建立其強烈形象與聲譽，卻可能演變成學生們的弱點，他們結束學習生涯之後，面對的可是時尚商業世界中冷酷無情的現實面呢！

畢業之後，初出茅廬的設計師並非完全孤立無援。90 年代中期，安特衛普有許多人醞釀著一個夢想：希望安特衛普的市民能夠親眼目睹在國際上光芒四射的比利時時尚，並創造一個時尚平台，讓各式各樣的參與者都能盡情發揮自己的創意。非營利組織安特衛普時尚協會（Mode Antwerpen）創立於 1997 年，其後更名為法蘭德斯時尚協會；打從一開始，法蘭德斯時尚協會的宗旨就在推廣比利時時尚，不論是在比利時境內或是比利時以外的地區。因此，尋找一個地點可以同時容納法蘭德斯時尚協會、皇家藝術學院時尚學系、以及嶄新的 MoMu 時尚博物館，似乎相當合情合理。多虧了安特衛普省市、法蘭德斯社區、法蘭德斯紡織品（Textile Flander）及各單位之間的資金合作，2002 年，安特衛普的時尚建築——ModeNatie 終於在市中心敞開了大門，距離德賴斯・范・諾頓的「Modepaleis」只有一步之遙。

ModeNatie 這棟建築與時尚淵源頗深，因為在 19 世紀時，它的一樓曾經租給當時知名的比利時時尚公司 New England。對於喜愛走訪安特衛普的比利時民眾及國際群眾來說，ModeNatie 成了他們生活型態的一部分，生氣勃勃、有趣迷人、對一切保持開放，其中的 MoMu 博物館尤其以

它的多樣化展覽吸引了眾多目光，從國際知名的山本（Yamamoto）、格蕾夫人（Madame Grès），到比利時時尚人才——薇洛妮克·布蘭奎諾、華特·范·貝倫東克、伯恩哈德·威荷姆等，以及較為兼容並蓄的主題展出——黑色時尚（Black in Fashion）、尋繹（Unravel）、針織時尚（Knitwear in Fashion）。

2010年，法蘭德斯時尚協會成為非營利組織法蘭德斯創意區轄下的單位之一，繼續提供成百上千的新創公司在營運計畫、顧問指導、國際業務的主要策略、工作機會等各方面的協助。剛開始只是安特衛普人的一個夢想，已經成真了。不過，它還沒結束；目前，所有的參與者正在討論開設「時尚之屋」（House of Fashion）的可能性。

時尚觀點總結：堅持原則，努力下去！

在此要列舉出涉及比利時時尚的所有人名，是不可能的事。事實是，比利時時尚業不是只有一堆時尚設計師，在根特、安特衛普、布魯塞爾周邊，一個完整的創意生態體系已然出現：許多時尚學系的畢業生繼續在這裡生根，成為攝影師、化妝藝術家、新聞記者、造型師、甚至活動主辦人等。他們都知道不可能一夕爆紅成為「新德賴斯・范・諾頓」，但是他們了解手工技藝的重要性，保持專注可以改變一切，即便是在大型時尚企業眾多的全球化市場。不過，他們絕大多數都有一個共通點：瘋狂工作、堅守著自己的願景以及最初投身於創意產業油然而生的驕傲與自豪。某種程度上來說，這一點與安特衛普六君子如何開始這一切──賣力工作、保持在正軌上，亦有相通之處。永遠別偏離正軌、永遠別失去控制。

case #8 Anne Chapelle
安妮・夏佩爾

採訪／楚依・莫爾克

"管理一間時尚或創意公司，
就像是找出情感與理智之間的正確平衡。"

享譽國際的時尚設計師兼經理人 —— 安妮・夏佩爾

當時尚設計師安・得穆魯梅斯特在 2013 年底，以一封附有美麗手寫信函的電子郵件宣布她將離開以她為名的時尚品牌時，國內外的時尚媒體一片譁然，全都進入白熱化狀態。得穆魯梅斯特是名聲響亮的安特衛普六君子之一，以歌德式靈感又帶有波西米亞風的設計，以黑白色系呈現，備受國際讚譽。

安妮・夏佩爾是得穆魯梅斯特背後公司 bvba 32 的首席執行長。而透過不同的控股公司，夏佩爾也擁有海德爾・阿克曼公司的控股權；同時，她還是布魯塞爾出身的時尚及服裝設計師尚保羅・賴斯帕納德（Jean-Paul L'Espagnard）的贊助人。她在 bvba 32 管理一個 90 人的團隊。

你已成功建立起時尚經理人的卓越聲譽。你認為經營時尚業與傳統經濟領域中的企業家，有什麼不同嗎？

如果真要說有什麼不同，應該是情感因素吧！時尚跟情感有關，設計就是「把人性的表達以一種形式呈現出來」，以我們的情況來說，這種形式當然就是服裝。管理一間時尚或創意公司，往往等於找出情感與理智之間的正確平衡，你絕對要找出一個平衡點，讓你的公司能健全地成長。

安・得穆魯梅斯特及海德爾・阿克曼都是知名設計師，你怎麼定位自己在這些成功故事中所扮演的角色？

我始終必須是這些故事中，那個理性的、與外界保持聯繫的角色。這個角色雖然不是大家的最愛，卻是讓公司上軌道的必要角色。

"學會判斷風險與機會之間的差別。"

90 年代中期，你離開原本在化工產業的高階主管職位，轉而與得穆魯梅斯特合作，因為他需要有業務經驗的人來協助他；當時他的公司發生了什麼事？

疲弱的現金流量，這是一個常見的情況，也是眾所周知的問題。許多起步不久的公司開始成長時，都會遭遇到這項挑戰。而對於一個正在成長的公司來說，疲弱的現金流量是很危險的狀況。當公司規模還不大的時候，我們就需要建立起一個適合的架構。一旦我們找出那個架構、計算出不需在產品品質上做出任何讓步的預算，公司就可以重新起步，順利成長。

得穆魯梅斯特在 2013 年宣布離開，對公司來說意味著什麼？

這項決定並不會改變我們工作的方式，我們在品質及永續企業的精神上所秉持的原則還是一樣。這是安對於我們公司中的年輕世代表現信任的寬厚作為。安真的很努力教導他們、傳遞她的願景給他們，對於那些年輕的設計師來說，這是一個證明自己的機會。此外，安可能離開了公司沒錯，但是公司仍然掛著她的名字。

我們不認為設計師非得等到去世了，才能讓別人來接管他們的事業。我們對於未來有十足的信心，安跟他的丈夫也是。我們深信這間時尚公司實力堅強，值得永續經營下去。對於這個我們一起寫下的美麗故事，我深感驕傲，也確定這不會是故事的最後一章。這個故事尚未結束，我看到一個有趣迷人的未來，正在前方等著我們。

為什麼要為海德爾・阿克曼另外開設一間新的公司？

當你的女兒準備好展翅高飛、一探廣大的世界時，你得學會放手。海德爾的故事，在情感上跟得穆魯梅斯特的故事是不一樣的，因此意味著採取的方式也不一樣。海德爾跟不同的團隊一起工作，這些人也用不同的眼光與角度看待時尚。這些都是成立另一間公司絕對正當的理由。一旦他們有了足夠的財務獨立性，處在同一間公司之下，將會侷限他們未來的發展。

你也為尚保羅・賴斯帕納德提供贊助，這類的作為讓你贏得「時尚天使」（Style Angel）的美譽。你的角色究竟是什麼？你試圖達成什麼目標？

我喜歡指導剛嶄露頭角的時尚人才。我想幫助這些才華洋溢的人找出他們的優缺點，讓他們了解自己想要什麼，並擁有能力與實力以實現他們的目標。

你對年輕設計師有什麼建議？

別急著想獨立。在你開創自己的事業之前，可以先為一間知名的公司工作一陣子，在其中觀察、學習商業面及管理面如何運作。

學會判斷風險與機會之間的差別，發展出確實可行的行動計畫。一旦你有了這樣的計畫，重新評估你的理想：你是否一心參與這場棘手又不設防的比賽？如果你無法將夢想轉換成一項實際的營運計畫，或許你就不該走上時尚這一行。

秀前系列的重要性是什麼？

你得接受這些秀前系列就是一種商業現實。它們回應了這個市場希望以更快的速度、提供更多新商品的需求。這些秀前系列通常不會反映任何新的願景或想法，因為它們是市場導向而非創意導向之下的產物。

作者群簡介

安妮克・舒拉姆 Annick schramme ｜ 安妮克・舒拉姆現任安特衛普大學文化管理碩士課程的全職教授及學術協調專員，並為管理、文化及政策競爭力中心（Competence Center Management, Culture & Policy）的教員，同時也是安特衛普管理學院（Antwerp Management School）創意產業競爭力中心的學術主任，負責與法蘭德斯創意區進行合作交流。近年來，她發表的主題多為時尚管理、藝術政策、國際文化政策、文化遺產管理、創意產業及文化創業家精神。2004 年至 2013 年間，她還擔任安特衛普市副市長在文化旅遊領域的專家顧問，同時也是法蘭德斯及荷蘭好幾個文化組織及顧問委員會的成員。2013 年，她並成為歐洲文化管理及文化政策教育網絡（European network on Cultural Management and Cultural Policy education, ENCATC）會長。

迪特・格內爾特 Dieter geernaert ｜ 迪特・格內爾特是一位律師，也是比利時法律事務所 Praetica（www.praetica.com）的合夥人，專精領域包括智慧財產法（intellectual property law）、商事法（commercial law）以及不公平商業行為，常為創意產業的客戶服務；此外，他被任命為仲裁人，裁決「.be」域名的爭議，也是比荷盧商標及設計法協會（Benelux Association for Trade mark and Design Law, BMM）以及比利時國家工業產權保護協會（Belgian National Association for the Protection of Industrial Property, BNVBIE）的成員，亦擔任比利時布魯塞爾弗萊格商學院（VLEKHO Business School）的版權及媒體法客座講師。

弗朗西絲卡・羅瑪納・里納爾迪 Francesca romana rinaldi ｜ 弗朗西絲卡・羅瑪納・里納爾迪現任米蘭時尚學院（Milano Fashion Institute）——由博科尼大學（Bocconi University）、卡托利卡大學（Cattolica University）以及米蘭理工大學（Politecnico di Milano）共同組成的聯盟，零售及品牌經驗管理（Retail and Brand Experience Management）碩士班主任，並在博科尼大學以及 SDA 博科尼管理學院（SDA Bocconi School of Management）的時尚、體驗與設計管理碩士班（MAFED）教授時尚管理課程。她主要的研究及經營管理諮詢重點放在時尚品牌管理、永續經營時尚管理以及時尚產業的數位策略；在國際期刊上發表文章如 2012 年 6 月《零售處處是細節》（Detail on Retail）期刊上的〈把網上購物經驗做對：多管道經銷的技巧和陷阱〉（Getting the E-Shopping experience right: Tips and Traps in multichannel distribution）。2013 年，她寫了一本由歐洲學生及年輕地理學家地理協會（Egea）出版的時尚產業企業社會責任管理相關書籍：《負責任時尚企業》（L'impresa moda responsabile）。同時，她也是一位新聞記者以及 Bio-Fashion 部落格（http://bio-fashion.blogspot.com）的創辦人，致力於探討永續時尚及生活型態。

珍妮佛・克雷克 Jennifer craik ｜ 珍妮佛・克雷克現任墨爾本皇家理工大學（RMIT University）時尚及紡織品學院（School of Fashion and Textiles）的研究教授，也是澳大利亞坎培拉的澳紐政府學院澳大利亞國立大學電子報系列（Australia New Zealand School of Government ANU E-Press series）委任的編輯。研究興趣包括時尚與服裝的跨學科研究方法、當代文化、文化及媒體策略、文化旅遊以及藝術基金。出版品包括《時尚的面孔》（The Face of Fashion）（1993）、《制服曝光》（Uniforms Exposed）（2005）、以及《關鍵概念在時尚》（Fashion. The Key Concepts）（2009）。

蕎克・史勞溫 Joke schrauwen ｜ 蕎克・史勞溫於 2005 年在根特大學（Ghent University）修得藝術學碩士學位、2010 年在安特衛普大學修得文化管理碩士學位。2010 年 8 月，她開始在安特衛普大學的安特衛普管理學院擔任研究員，並在創業文化領域的各種主題，包括創意產業上完成了好幾項研究。

卡琳娜・諾布斯 Karinna nobbs｜卡琳娜・諾布斯始終對時尚品牌管理的美學面懷抱著無比的熱情，2001年進入學術界之前，曾經是一位視覺貿易商。對於不同層級的市場中，各式國際品牌有著豐富的產業經驗，包括 United Colours of Benetton、Kookai、House of Fraser 以及 Ralph Lauren 等知名品牌。卡琳娜專精於時尚零售、視覺營銷以及公共關係領域，在她的教學生涯中，同時教授大學及研究所的時尚行銷、零售品牌策略等領域的課程，也教授相同領域的高階主管培訓課程。此外，她發表過一份涵蓋範圍廣泛的會議出版品，記錄了超過 60 項全球學術及業界活動的出現。儘管身在學術界，卡琳娜藉由輔導中小型時尚品牌的行銷及傳播策略，延伸其顧問角色功能，並且特別關注這些品牌在視覺營銷及社群媒體上的策略。

瑪莉・迪貝克 Marie delbeke｜在巴塞隆納的歐洲設計學院（Instituto Europeo di Design）取得時尚行銷及傳播（Fashion Marketing and Communication）的教育學學士學位，並在魯汶大學（University of Louvain）取得商業經濟（Business Economics）的碩士學位之後，瑪莉・迪貝克開啟了她在創意產業的職業生涯。先是在法蘭德斯創意區擔任專案計畫經理，之後又在法蘭德斯時尚機構擔任專案計畫經理，不但輔導時尚設計師創業，更成立了許多專案計畫，旨在為設計師創造機會，提升他們在這個產業成功的機會。目前，她受雇於法蘭德斯文化投資基金的 PMV 公司。

瑪莉斯・德摩爾 Marlies demol｜瑪莉斯・德摩爾擁有安特衛普大學（University of Antwerp, UA）及阿姆斯特丹大學（University of Amsterdam, UvA）的文學及語言學（Literature and Linguistics）碩士學位，以及安特衛普大學的文化管理（Cultural Management）碩士學位。她目前擔任創意產業競爭力中心（Competence Center Creative Industries）的研究員，主要致力於法蘭德斯創意區的研究專案計畫，研究主題包括時尚品牌的國際化，以及創業產業的經濟衝擊。

拉夫・衛美恆 Raf vermeiren｜拉夫・衛美恆在指導及投資創業者方面有 17 年的豐富經驗，對於創意企業家特別感興趣。在職業生涯的前 6 年，他擔任的是財務顧問的角色；後面的 11 年，他轉而成為投資者。如今，他是 Sputnik Media 的財務總監。在這之前，他曾經是法蘭德斯文化投資基金的合作開發人及基金經理，與音樂品牌、時尚設計師、產品設計師、電視製作人、戲劇製作人、書籍出版商、公關公司等，皆有密切的合作關係。過去幾年來，他審查了 120 份以上的業務計畫，在商業計畫、現金流量計畫、創意財務報告、投資者關係等，輔導約 20 間企業。

楚依・莫爾克 Trui moerkerke｜楚依・莫爾克擁有法律學士及傳播碩士學位，曾經擔任新聞記者、時尚編輯，其後又擔任《週末妙方》（一份重要的週刊，報導比利時法蘭德斯地區的時尚及生活型態）總編輯，現任法蘭德斯創意區（Flanders DC）的傳播經理。法蘭德斯時尚機構則為法蘭德斯創意區的一部分。

薇兒・溫德斯 Veerle windels｜薇兒・溫德斯出身比利時，是一位自由撰稿的時尚記者，她的看法與報導經常出現在比利時的《標準報》（De Standaard）上。她出版過《年輕的比利時時尚》（Young Belgian Fashion）主角是 10 位年輕的設計師、《作品與文字》（Werken met woorden）集結了她最精彩的訪談內容以及《作為》（Acte）一本採訪提姆・范・史坦柏根的專書。目前在根特大學的時尚學系教授服裝史。

華特・范・安德 Walter van andel｜華特・范・安德現任安特衛普管理學院創業及創意領域的研究員，研究重點為管理實務、創新、商業模式、中小型創意企業的創業成長。2012 年，他參與合著了一本書：《創意跳躍者》（Creative Jumpers），檢視創業產業中快速成長企業的商業模式。在加入安特衛普管理學院之前，華特也曾於荷蘭、墨西哥、美國擔任研究員及顧問職務。

中英檢索

二劃

人格權 Moral right 128,129

三劃

口碑宣傳 Word-of-mouth promotion 62
大量客製化 Mass customization, MC 7
子系列 Sub-collection 38
工業設計專利 Industrial design right 118,130
工業應用 Susceptible of industrial application 133

四劃

中小企業 SMEs（small and medium sized enterprises）7,17,36,37,88,98
中承諾度進入模式 Medium-commitment entry mode 103,104
中階市場區隔 Middle market segment 15,24,25,27,35,36,37,41,42,100,102,
內部溝通 Internal communication 73
反競爭 Anti-competitive 138
天生全球化模式 Born Global model 17,100,101,103,114
天使投資人 Business angel 165
巴黎時尚週 Paris Fashion Week 41,202,211
心理距離 Psychic distance 101,102
比利時皇家美術館 Royal Museum of Fine Arts 207
比利時紡織品及成衣學會 Institute of Textile and Confection in Belgium, ITCB 203
毛利 Margin 154,187,188,190
水平整合 Horizontal integration 13,24,30,33,36,39

五劃

世界智慧財產權組織 World Intellectual Property Organisation, WIPO 124

世界貿易組織 World Trade Organization 99
主導邏輯 Dominant logic 178,194
尼斯分類 Nice Classification 123
市場價值 Market value 25
布料 Fabrics 156,157,158,159,161,162,163
布樣 Fabric samples 155,156,157,158,159
本土沙文主義 Indigenous chauvinism 8
生產協議 Production agreement 135
生產價格 Production price 187,195
生產總值 GDP 13
白牌 White product 38
母公司 Parent company 30,33,38,42

六劃

交付週期 Lead time 38,107,108,109,156
交貨時間 Delivery time 38,107,108,109,156
企業管理層面 Level of governance of the company 110
企業社會責任憲章 Corporate Social Responsibility, CSR 7,34,38,88
企業傳播 Corporate communication 73
企業對企業 Business-to-business, B2B 26,160,179,188
企業對客戶 Business-to-client 16
企業對消費者 Business-to-consumer, B2C 26,160,179,188
全球在地化 Glocalization 7,8
全球語言監測機構 Global Language Monitor, GLM 99
全通路 Omni-channel 6,52
合作開發者 Co-author 136
合併 Merger 33,40,41,103,104
合法權益 Legitimate interest 126,127
合資企業 Joint venture 104
名人行銷 Celebrity marketing 73
回溯性計畫 Retro planning 183,184
在地全球化 Lobalization 8
地理距離 Geographical distance 102

安特衛普六君子 Antwerp Six 6,14,19,202,203,204,206,
　　209,210,211,212,214
早秋新裝 Pre-fall collection 18
自由貿易 Free Trade 5,7
自營 Self-employed 12
次順位貸款 Subordinated loan 165,166
成衣作品 Ready-to-wear 28

七劃

伯恩公約 Berne Convention 128,129
低承諾度進入模式 Low-commitment entry mode 103
冷媒體 Cold media 73
利潤率 Pprofit margin 7
宏觀標準 Macro-criteria 25
局外人地位 Outsidership 102
快閃店 Pop-up store 7,15,27,33,50,52,58,59,60,61,62,63,
　　64,65,153,160,
快速時尚 Fast-fashion 5,6,37,59,107,199
批發 Wholesaling 105
批發價格 Wholesale price 187
投資人貸款 Investor loan 166
投資人關係 Investor relation 73
投資貸款 Investment loan 165
系列計畫 Range plan 188
肖像權 Image right 40
亞當時尚大獎 Andam Awards 45
初夏新裝 Pre-summer collection 18
形象定義 Image-defining 28

八劃

制度知識 Institutional knowledge 102
協同設計者 Co-designer 136
協調性聲明 Coordinated statement 51
固定成本 Fixed cost 161,162,163,180

委託人 Principal 138,139,140
季節性融資 164,167,168
定位聲明 Positioning statement 51
店中店 Store-in-store 104
性價比 Price over quality ratio 86
所有者專屬權利 Exclusive right 118
押金 Deposit 156,157,160
拉引因素 Pull factor 106
拉引效應 Pull-effect 105,
拉引策略 Market-pull strategy 37
服裝系列 Collections 6,18,24,28,29,31,32,34,37,46,57,
　　160,161,168,188,190,199,206,210
法蘭德斯時尚協會 Flemish Fashion Institute, FFI 19,213
法蘭德斯當代藝術館 Flemish Museum of Contemporary
　　Arts, MuHKA 208
版權 Copyright 18,118,119,128,129,130,132,141,144
直效行銷 Direct marketing 73
直接出口 Direct export 98,101,103,105
直接的競爭 Direct competition 181
直播串流 Live streaming 195
社群媒體 Social media 16,34,38,52,60,62,64,72,73,74,75,
　　76,77,78,79,81,82,83,99,186,191
股權 Equity 165,166,168
金紡錘大獎 Golden Spindle award 14,203
金磚國家 BRICS 33,105
金融機構 Nancial institution 166,168,169
事物的全球化增長 grobalization of something 8

九劃

品牌集合店 Multi-brand-stores 26,27,29,30,33,35,36,39,
　　42,63,67,102,141,170,173,175,179,210
品牌集合電子商店 Multi-brand e-shop 36
品牌傳播 Brand communication 73,185
品質關係 Price-quality relationship 190
垂直整合 Vertical integration 13,24,30,33,36,39

政策層面 Policy level 110
洛迦諾分類 Locarno classification 131
美國商標 U.S. trade mark 122
負責任傳播 Responsible communication 80,82,84,85,87
限量生產 Limited production 32
風險溢價 Risk premium 166

十劃

倫敦時尚週 London Fashion Week 202
弱連結 Weak ties 103
時尚之都 Fashion capital 99,100
時尚營銷 Fashion merchandising 5,6
時程／期限 Deadline 19,152,154,155,156,157,158,170,184
時間密集 Time-intensive 183,192
海耶爾時尚藝術節 Festival of Hyères 45
消費者保護法 Consumer protection law 142
烏普薩拉模式 Uppsala model 17,101,102,114
特許授權人 Franchisor 104
特許經營人 Franchisee 104
特許經營合約 Franchising contract 193
特許經營權協議 Franchise agreement 104
病毒式行銷 Viral marketing 73
紡織計畫 Textile Plan 14
財務計畫 Financial plan 184,191
追蹤紀錄 Track record 117
閃現零售 Flash retail 58
馬德里聯盟 Madrid Union 125
高承諾度進入模式 Highest levels of commitment 103,104
高淨值人士 High Net Worth Individuals, HNWI 55
副牌 Sub-brand 40,139,197

十一劃

區隔延伸者 Segment stretcher 41
區隔結合者 Ssegment combiner 42
區隔轉換者 Segment switcher 41
商業代理協議 Commercial agency agreement 18,118,138
商業知識 Business knowledge 102
商業貸款 Commercial loan 165
商業模式 Business model 15,17,24,25,31,51,53,65,98,109,
　　110,111,112,113,114,153,154,196
商標 Trade mark 118,119,120,121,122,123,124,125,126
商標國際註冊馬德里協定 Madrid System for the
　　International Registration of Marks 124
商標註冊用商品與服務國際分類 International
　　Classification of Goods and Services for the Purposes of
　　the Registration of Marks 123
商標蟑螂 Trade mark squatter 124
啟動資金 Initial funding 154
國家和地區頂級域名 country code top-level domain,
　　ccTLD 127
國際化知識 Iinternationalization knowledge 102
國際羊毛標誌大獎 International Woolmark Prize 45
國際商會 International Chamber of Commerce 138
國際商標 International trade mark 122
國際勞工組織 International Labour Organisation 136
國際貿易術語解釋通則 Incoterms 138
域名 Domain name 118,126,127,128,137
奢侈品時尚企業 Luxury fashion concerns
　　24,25,27,31,33,34,53,54,55
專利 Patent 118,119,125,126,133,134,135
專利合作條約 Patent Cooperation Treaty 134
專案融資 Project finance 167
情感傳播 Emotional communication 80
情感價值 Emotional value 80
授權協議 License agreement 18,118,135,140,193
推動因素 Push factor 106,110
敘述追蹤技術 Narrative Tracking technology 99
斜線整合 Diagonal integration 33
淨利 Profit 7,154,161,162,163
現金支出 Cash-out 155

現金流入 Cash-in 155,156,158,159,160,161,164,166
現金流量計畫 Cash flow plan 154,155,158,159,160,164,166, 184,191

十一劃

荷比盧聯盟商標 Benelux trade mark 130
貨到付款準則 Cash on delivery policy 184
軟貸款 Soft loan 166
透明的傳播 Transparent communication 87
通用頂級域名 Generic top-level domain, gTLD 127

十二劃

勞力密集 Labour-intensive 195
博伊曼斯・范博寧恩美術館 Boijmans Van Beuningen Museum 207
單一經營 Pure-play 52
智能助手 Smart assistant 79
智慧財產 Intellectual property 6,16,18,30,106,118,119,124, 126,134,135,138,140,141,143,144,193,194
替代性產品 Substitute product 180,181
最終消費者 End-consumer 37,138,153,179,180,187,188, 190,195,196
游牧店鋪 Nomad store 58,63
游擊店鋪 Guerilla store 50,58
無縫傳播 Seamless communication 80
無縫零售 Seamless retailing 7
策略階段 Strategy phase 100
結構性融資 Structural finance 154,164,165,168,169,170
結構階段 Structure phase 100
虛實的全球在地化 glocalization of nothing 8
虛實整合 Click and mortar 16,36
虛實整合商務 Click-and-mortar commerce 36
象徵價值 Symbolic value 25,29,30,42
郵輪系列 Cruise collection 94

間接的競爭 Indirect competition 181,183

十三劃

傳播計畫 Communication plan 184
債權 Debt 165,166,168
微型企業 Micro-company 30
微型企業家 Micro-preneur 7
新古典主義市場 Neoclassical market 102
概念店業態 Concept store format 54
瑞士紡織大獎 Swiss Textile Award 45
經銷商 Distributor 39,41,101,102,103,104,105,137,138,140, 141,142,189,190,193,199,
經濟權 Economic right 128,129
置入式行銷 Product placement 37
群眾募資 Crowdsourcing／Crowdfunding 7,165,167
聘雇協議 Employment agreement 134
試點店 Pilot store 35
資產配置層面 Asset allocation level 110
過渡期系列 Interim collection 28
零售定位 Retail positioning 51
零售通路 Multi-brand retail channel 26,27,33,36
零售連鎖通路 Retail chain 24,25,27,37,38,39,40,41,42, 53,181
零售業態 Specialty retail format 15,50,51,52,53,54,57,65
電子口碑 Electronic word of mouth, Ewom 64
電子零售 E-tailing 7,36,64,77
預先融資 Pre-financing 155,165,184,191
預售 Pre-sale 156,157,158

十四劃

旗艦店 Fflagship store 6,15,26,27,29,33,36,50,51,52,53, 54,55,56,57,59,63,65,73,104,175,182,190
構想階段 Idea phase 100
精品專賣店 Proprietary boutique 35,147

網路零售 E-tail 26,190
網路零售商 Online retailer 190
網路蟑螂 Cyber squatter 127
網際網路名稱與數字位址分配機構 Internet Corporation for Assigned Names and Numbers, ICANN 126
網際網路協定位址 Internet Protocol address 126
製衣師 Garment maker 28
製造協議 Manufacturing agreement 18,118,135,136
遠距銷售 Distance selling 142
酷要素 Ccool factor 62

十五劃

價值網絡 Value network 24,26,27,28,30,31,32,34,35,37,38,39,40,41,42
價值鏈總監 Chain director 27,30,31,33,34,36,37,39,41,42
廣告郵件 Mailing 73
彈性庫存 Fflexible inventory 107
歐洲法院 European Court of Justice 121
歐洲專利局 European Patent Office 134
歐洲專利條約 European Patent Treaty 134
歐盟 European Union 12,99,121,123,125,128,131,133,139,140,142
歐盟內部市場協調局 The Office for the Harmonisation of the Internal Market 123
歐盟委員會 European Commission 133
歐盟商標 Community trade mark 120,123,125
熱媒體 Hot media 73
膠囊系列 Capsule collection 18,28,37,40,153,195

十六劃

獨立設計師 Independent designer 6,13,14,17,18,24,25,27,28,29,30,33,37,41,42,54,60,65,89,93,94,100,103,104,108,109,114,116,153,161,179,

十七劃

營運計畫 Operational plan 169,182,183,184,213,217
獲利率 Profitability 161,162,180
環保主題倡議 Common Threads Initiative 84

十八劃

關係行銷 Relational marketing 73
關鍵社群指標 Key social indicator 76

二十劃

競爭法 Competition law 138

二十一劃

顧客網絡 Customer network 189

二十二劃

權利金 Royalty 140,193
歡慶階段 Festival phase 100

二十三劃

變動成本 Variable cost 161,163,169

taste 10

Fashion Management

時尚商業學

頂尖設計師品牌都該懂的生存法則，
從產品發想、策略經營到推向國際的
實戰8堂課

作　　者	安妮克・舒拉姆、卡琳娜・諾布斯、楚依・莫爾克 等 （Annick Schramme, Karinna Nobbs, Trui Moerkerke etc.）
譯　　者	林資香
中文版審訂	林佳妮
總 編 輯	張瑩瑩
副總編輯	蔡麗真
責任編輯	楊玲宜
封面設計	嚴國綸
內頁設計	洪素貞（suzan1009@gmail.com）
行銷企畫	林麗紅
社　　長	郭重興
發行人兼 出版總監	曾大福
出　　版	野人文化股份有限公司
發　　行	遠足文化事業股份有限公司 地址：231 新北市新店區民權路 108-2 號 9 樓 電話：（02）2218-1417　傳真：（02）8667-1065 電子信箱：service@bookrep.com.tw 網址：www.bookrep.com.tw 郵撥帳號：19504465 遠足文化事業股份有限公司 客服專線：0800-221-029
法律顧問	華洋法律事務所　蘇文生律師
印　　製	凱林彩印股份有限公司
初　　版	2017 年 1 月

有著作權　侵害必究
歡迎團體訂購，另有優惠，請洽業務部（02）22181417 分機 1124、1126

國家圖書館出版品預行編目 (CIP) 資料

時尚商業學：頂尖設計師品牌都該懂的生存法則，從產品發想、策略經營到推向國際的實戰 8 堂課 / 安妮克. 舒拉姆 (Annick Schramme), 卡琳娜. 諾布斯 (Karinna Nobbs), 楚依. 莫爾克 (Trui Moerkerke) 等著；林資香譯 . -- 初版 . -- 新北市：野人文化出版：遠足文化發行, 2017.1
　　面；　公分 . -- (taste；10)
譯自：Fashion management
ISBN 978-986-384-172-2(平裝)

1. 服飾業 2. 時尚 3. 企業經營

488.9　　　　　　　　　　　　105020384

© 2014, Uitgeverij Lannoo nv. For the original edition.
Original title: Fashion Management.
www.lannoo.com

© 2017, Ye-Ren. For the Chinese (complex characters only) edition

時尚商業學
線上讀者回函專用 QR CODE，您的寶貴意見，將是我們進步的最大動力。

野人文化 讀者回函卡

書　名 _____

姓　名 _____ □女 □男　年齡 _____

地　址 _____
　　　 _____

電　話 _____　手機 _____

Email _____

□同意　□不同意　　收到野人文化新書電子報

學　歷　□國中(含以下)　□高中職　　□大專　　□研究所以上
職　業　□生產/製造　□金融/商業　□傳播/廣告　□軍警/公務員
　　　　□教育/文化　□旅遊/運輸　□醫療/保健　□仲介/服務
　　　　□學生　　　□自由/家管　□其他

◆你從何處知道此書？
　□書店：名稱 _____　□網路：名稱 _____
　□量販店：名稱 _____　□其他 _____

◆你以何種方式購買本書？
　□誠品書店　□誠品網路書店　□金石堂書店　□金石堂網路書店
　□博客來網路書店　□其他 _____

◆你的閱讀習慣：
　□親子教養　□文學　□翻譯小說　□日文小說　□華文小說　□藝術設計
　□人文社科　□自然科學　□商業理財　□宗教哲學　□心理勵志
　□休閒生活（旅遊、瘦身、美容、園藝等）　□手工藝／DIY　□飲食／食譜
　□健康養生　□兩性　□圖文書／漫畫　□其他 _____

◆你對本書的評價：（請填代號，1.非常滿意　2.滿意　3.尚可　4.待改進）
　書名 _____ 封面設計 _____ 版面編排 _____ 印刷 _____ 內容 _____
　整體評價 _____

◆你對本書的建議：
_____
_____
_____
_____

野人文化部落格 http://yeren.pixnet.net/blog
野人文化粉絲專頁 http://www.facebook.com/yerenpublish

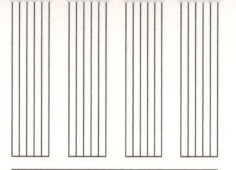

廣 告 回 函
板橋郵政管理局登記證
板 橋 廣 字 第 143 號

郵資已付　免貼郵票

23141
新北市新店區民權路108-2號9樓
野人文化股份有限公司 收

野人

請沿線撕下對折寄回

野人

書號：ONTS0010